Udo Haeske

Kommunikation mit Kunden

Kundengespräch, After Sales und Reklamation

POCKET BUSINESS

Cornelsen

Der Autor

Dipl.-Psych. Udo Haeske ist Inhaber des Beratungs- und Trainingsinstituts embeco Development® in Bielefeld. Seit 1995 ist er als Trainer selbstständig und hat u.a. renommierte Zertifikate für Gruppendynamik und NLP erworben.

Verlagsredaktion: Marlies Bocionek
Grafik und technische Umsetzung: Holger Stoldt, Düsseldorf
Umschlaggestaltung: Katrin Nehm
Titelfoto: © Stefan Wagner, Berlin

Cornelsen online www.cornelsen-berufskompetenz.de

1. Auflage Druck 4 3 2 1 Jahr 07 06 05 04

Druck: Lengericher Handelsdruckerei

ISBN 3-589-21964-5

Bestellnummer 219645

Gedruckt auf säurefreiem Papier, umweltschonend hergestellt aus chlorfrei gebleichten Faserstoffen.

Inhaltsverzeichnis

Einführung

Wenn Sie dieses Buch zur Hand genommen haben, dann vermutlich, weil der Umgang mit Kunden zu Ihrem Beruf gehört und Sie deshalb Ihr Verhalten gegenüber Kunden verbessern möchten bzw. müssen. Die Maßnahmen, mit denen man zu mehr Kundenzufriedenheit gelangen kann, liegen auf sehr unterschiedlichen Ebenen. Der vorliegende Band konzentriert sich auf die Kommunikation mit Kunden als einem sehr wesentlichen Teilbereich der Kundenorientierung.

Kommunikation mit Kunden findet in jedem Betrieb und bei jedem Dienstleister vor allem in drei Bereichen statt, die in je einem Kapitel behandelt werden:

- Im Service (Kapitel 2) steht das Erfüllen von Kundenerwartungen unmittelbar im Vordergrund. In diesem Kapitel erfahren Sie, wie Sie Ihre Kompetenz im Service nachhaltig verbessern und wie Sie systematisch eine Servicestragie entwickeln können.
- Im Verkauf (Kapitel 5) geht es darum, Kunden zu gewinnen und vorhandene Kunden zu binden, d.h. zum Wiederkommen zu veranlassen.
- Die Bearbeitung von Beschwerden und Reklamationen (Kapitel 6) muss so erfolgen, dass Sie die Kunden nicht verlieren.

Das Thema Service steht deshalb so weit am Anfang des Bandes, weil es eine Doppelfunktion erfüllt: Über den Aspekt hinaus, dass der Service einer der betrieblichen Funktionsbereiche ist, in dem die Ausrichtung aller Aktivitäten auf den Kunden groß geschrieben wird, zieht sich Servicekompetenz als roter Faden durch alles Übrige und Kapitel 2 gehört mithin zu den Grundlagen des Buches. Bevor sich dann die beiden weiteren Anwendungsfelder Verkauf und Beschwerdenmagement anschließen, erfahren Sie in Kapitel 3 Grundsätzliches über Kundentypen und es wird in Kapitel 4 auf richtiges, gut vorbereitetes Telefonieren eingegangen – was als eine unentbehrliche Kompetenz erfolgreicher Kommunikation anzusehen ist.

Alle Kapitel sind psychologisch fundiert und vermitteln zum einen Hintergrundwissen, zum anderen bieten sie einen konkreten und praxisnahen Leitfaden für das jeweilige Thema.

Als auch optisch einprägsame Darstellung werden „Uhren" bzw. „Räder" genutzt (Serviceuhr, Telefonkompetenzrad).
Kaum ein Thema verführt so sehr dazu, nicht auf Fakten und gesicherte Erkenntnisse aufzubauen sondern von Wunschbildern auszugehen wie Kundenorientierung. Deshalb werden in Kapitel 1 sorgfältig Begriffe erklärt und es wird abgesteckt, was hinsichtlich Kundenorientierung oder -bindung überhaupt machbar sein kann. Es stellt sich nämlich die Frage, inwieweit alle Bemühungen, den Umgang mit Kunden zu verbessern, überhaupt dazu beitragen, die Kunden stärker an das Unternehmen zu binden. Dass das nicht bei allen Kunden gelingen wird, ist realistisch. Bevor man sich also auf den Weg macht, kann man bedenken, bei welchen Kunden der Aufwand lohnt.
Stellen wir also die konkreten Techniken und Tipps noch einen Moment zurück und klären wir vorab, was gemeint ist, wenn man von Kundenorientierung, Serviceorientierung oder Kundenbindung spricht.
Das anschließende Kapitel 1 klärt also die Begriffe und stellt die Grundlagen vor, die als Vorüberlegungen für den erfolgreichen Umgang mit dem Kunden wichtig sind.

1 Kundenorientierung, Kundenbindung und Kundenwert

Was Sie erreichen wollen und können

1.1 Was ist eigentlich Kundenorientierung?

Der Blick in die Literatur und die Erfahrungen aus der Praxis können Bruhn (1999) darin bestätigen, der eine außerordentliche Vielfalt zu Begrifflichkeiten und Interpretationen rund um den Begriff Kundenorientierung feststellt. In diesem Praxisleitfaden soll die wissenschaftliche Debatte um Definitionen und ihre Unschärfen nicht näher betrachtet werden.
Da in diesem Band die Techniken und die konkreten Instrumente, die für die Praxis des Umgangs mit dem Kunden von Bedeutung sind, vorgestellt werden will ich ganz pragmatisch festlegen, an welches Begriffsverständnis ich mich hier anlehne. Der Vielfalt der Definitionen wird nichts hinzufügt, sondern Bruhns Verständnis von Kundenorientierung wird hier übernommen:

„Kundenorientierung ist die umfassende, kontinuierliche Ermittlung und Analyse der Kundenerwartungen sowie deren interne und externe Umsetzung in unternehmerische Leistungen und Interaktionen mit dem Ziel, langfristig stabile und ökonomisch vorteilhafte Kundenbeziehungen zu etablieren." (Bruhn, 1999, S.10)

Innerhalb dieser Auffassung gehören zur Kundenorientierung die aus der folgenden Abbildung ersichtlichen Aspekte (angelehnt an Homburg 1998; Bruhn, 1999).

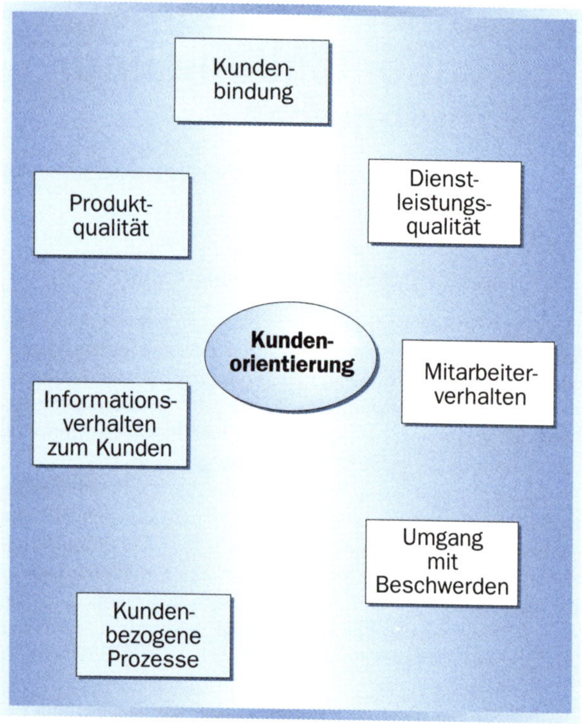

Kundenorientierung (die weißen Felder definieren „Serviceorientierung“ als Teilbereich

Kundenzufriedenheit sagt etwas darüber aus, wie der Kunde Erfüllung dessen, was Kundenorientierung ausmacht, wahrnimmt. Schneider (2000), der von einem Modell der Kundenzufriedenheit ausgeht, das dem hier vorgestellten weitestgehend entspricht, weist darauf hin, dass der Kunde sowohl in der Vorkauf-, der Kauf- und der Nachkaufphase in diesem Sinne Einschätzungen vornimmt.

Serviceorientierung von Kundenorientierung abzugrenzen, erweist sich als nicht allzu leicht. Insbesondere im Alltagsgebrauch werden kundenorientiertes Verhalten und serviceorientiertes Verhalten synonym verwendet. Wie aber der Blick auf die hier verwendete Definition von Kundenorientierung zeigt, sind Initiativen zur Qualitätssicherung, Marketingmaßnahmen, die auf die Bindung des Kunden abzielen (vgl. Kenzelmann, 2003 oder Brandt & Schneider, 2001), oder organisatorische Prozessveränderungen zur Verbesserung der Kundenbetreuung auch Bestandteil der Kundenorientierung. Hier geht es also um mehr als nur das von Person zu Person Verhalten im direkten Kundenkontakt.

Serviceorientierung soll so von Kundenorientierung unterschieden werden, dass unter diesem Begriff eingrenzend die Aspekte der Kundenorientierung erfasst werden, die bei der Erbringung einer Dienstleistung beobachtet werden können. Das entspräche all dem, was das Verhalten im direkten Kundenkontakt charakterisiert und ausmacht. Beispiele dafür wären etwa Flexibilität, Zuverlässigkeit oder Freundlichkeit der Mitarbeiter, wenn es um Betreuung, Verkauf oder die Bearbeitung von Beschwerden geht. Die in voriger Abbildung weiß hinterlegten Teilaspekte der Kundenorientierung beziehen sich auf das, was hier unter Serviceorientierung gefasst wird.

Entsprechend beschreibt Servicequalität das Ausmaß, in dem Serviceorientierung realisiert wird.

All diesen Auffassungen liegt zugrunde, dass die Erwartungen des Kunden berücksichtigt werden. Das ist schon in dem Begriff „Orientierung“ enthalten. Kunden- oder Serviceorientierung sind also nicht losgelöst theoretisch beschreibbare Themen. Es ist wichtig, sich dessen bewusst zu sein, weil Kundenerwartungen über die Zeit einem Wandel unterliegen und zugleich sehr spezifisch sein können. Je nach Kundengruppe können Erwartungen stark differieren, sogar innerhalb einer Branche. Deshalb werde ich an einigen Stellen darauf hinweisen, dass es notwendig ist, die in diesem Buch besprochenen Instrumente eigenen Bedürfnissen gezielt anzupassen.

1.2 Kann man jeden Kunden binden?

Es ist immer ärgerlich, wenn man erfährt, dass ein Kunde zum Wettbewerber gewechselt ist, insbesondere, wenn kein offensichtlicher Grund erkennbar ist. Man kommt ins Grübeln, fragt sich, wo man etwas falsch gemacht hat oder wie es um die eigene Kundenbindung steht. Dabei bestätigen Untersuchungen zur Kundenzufriedenheit (Stauss & Neuhaus, 1996; Reichheld, 1997), dass – branchenunabhängig – dieses Phänomen häufig zu beobachten ist. Kunden, die kurz zuvor noch bei Befragungen höchste Zufriedenheitsangaben gemacht haben, waren zum Zeitpunkt der Nachuntersuchung bereits abgewandert. Dies muss die Frage aufwerfen, wie Kundenbindung funktioniert.

Zunächst einmal muss man feststellen, dass für die allermeisten Branchen gilt, dass die Produkte oder Dienstleistung nicht monopolistisch angeboten werden. Im Gegenteil ist es sogar so, dass es in der Regel sehr viele Anbieter gibt, die vergleichbare Produkte und Dienstleistungen anbieten. Als Kunde muss man sich nicht außerordentlich anstrengen, um auf Alternativen zugreifen zu können. Daraus ergibt sich:

- Es fällt den meisten Kunden aufgrund vieler Gelegenheiten relativ leicht, auf Wettbewerber zuzugreifen. Gemessen daran ist es sogar unrealistisch von einer hundertprozentigen Bindung auszugehen.
- In Anbetracht der Tatsache, dass Kunden zahlreiche Wahlmöglichkeiten haben, sollte man davon ausgehen, dass Abwanderungserscheinungen Ausdruck von spontan ergriffenen Gelegenheiten sind. Damit ist der dauerhafte Verlust eines Kunden nicht zwangsläufig verbunden. Entscheidend ist, welche Erfahrungen der Kunde beim Wettbewerb macht, und wie man als Unternehmen durch Kundenbindungsinitiativen dem Phänomen begegnet.
- Unter der Voraussetzung, dass man als Unternehmen vergleichbare Produkte und Dienstleistungen wie der Wettbewerb anbietet, und unter der Annahme, dass man hin-

sichtlich der Servicekompetenz besser ist, kann es langfristig von Vorteil sein, wenn ein Kunde einmal abwandert. Er hat so die Gelegenheit, zu erkennen, welcher Mehrwert ihm entgangen ist. Wenn die Tür für die Rückkehr offen bleibt, dann wird er dies sicher tun.

- Man muss sich die Frage stellen, inwieweit unbeeinflussbare Faktoren Kundenabwanderung trotz gutem Service erklären können. Umzüge, Trennungen, berufliche Veränderungen können beispielsweise grundlegende Veränderungen im Konsumverhalten bewirken, die ganz unabhängig von der Kundenzufriedenheit auf die Kundenbindung wirken.

Investitionen in Maßnahmen zur Kundenorientierung oder zur Steigerung der Serviceorientierung können also nicht unbedingt verhindern, dass Kunden abwandern. Sie machen es allerdings wahrscheinlicher, dass Kunden wiederkehren und sich dann vielleicht stärker binden.

1.3 Kundenbindung verschiedener Kundengruppen

Wenn von Kundenbindung gesprochen wird, gilt scheinbar per se die Vorannahme, dass jeder Kunde gebunden werden kann, sofern die richtigen Instrumente und Methoden zum Einsatz kommen – ohne Berücksichtigung psychologischer Unterschiede. Ich schlage vor, nicht anzunehmen, dass jeder Kunde gleichermaßen angelegt ist, langfristige Bindungen zu einem Unternehmen einzugehen.

> Ein erfolgreicher Umgang mit dem Kunden bewirkt nicht zwingend eine höhere Kundenbindung.

Nehmen wir an, dass Kunden sich darin unterscheiden, inwiefern sie eine grundlegende Bereitschaft mitbringen, sich an Unternehmen zu binden. Nennen wir diesen Faktor Verbindlichkeit. Kunden, die auf dem gegenüberliegenden Ende positioniert sind, könnte man ungebunden nennen.

Verbindlich versus ungebunden

Personen mit einer hohen Verbindlichkeit streben nach Konstanz in ihrer Beziehung zu einem Vertragspartner im weitesten Sinne. Sie streben danach, den Aufwand und die Unsicherheiten zu vermeiden, die durch einen raschen Wechsel des Geschäftspartners zwangsläufig entstehen. Sie reagieren eher, beenden eine einmal eingegangene Bindung erst dann, wenn es einen Anlass gibt, der ausreichend frustrierend ist.
Personen, die demgegenüber ungebunden sind, streben weniger nach Konstanz als nach Abwechslung in ihren Beziehungen zu Vertragspartnern im weitesten Sinne. Sie genießen eher die Belebung durch neue Kontakte und schätzen die potenziellen Vorteile, die ein Wechsel des Geschäftspartners bieten könnte. Sie agieren also eher und zeigen sich ungebunden und offen für neue Vertragsbeziehungen unabhängig von der Erfahrung, sondern allein aufgrund des Reizes, den Neues bietet.
Außerdem unterscheiden sich Menschen auch hinsichtlich des Anspruchsniveaus, das sie gegenüber einem Produkt oder einer Dienstleistung haben. Manche könnte man als anspruchsvoll in dem Sinne verstehen, dass sie vielfältige und/oder konkrete Ansprüche stellen, während andere eher genügsam sind.

Anspruchsvoll versus genügsam

Personen mit hohem Anspruch haben konkrete Vorstellungen darüber, wie ein Produkt oder eine Dienstleistung beschaffen sein muss. Je nach Person macht sich dies in der Differenziertheit der Ansprüche oder in der Vielzahl der Ansprüche bemerkbar.

> In jedem Fall legen Personen, die in ihrem Anspruchsniveau hoch eingeordnet werden können, strengen Wert auf die Erfüllung eigener Erwartungen an Produkt oder Dienstleistung.

Personen, die als genügsam beschrieben werden können, haben entweder kaum konkrete Vorstellungen darüber, welche „Ausstattung“ im weitesten Sinne das Produkt oder die Dienst-

leistung haben soll. Oder diese Personen legen keinen besonderen Wert darauf, dass Erwartungen, die sie an ein Produkt haben, notwendigerweise erfüllt sein müssen. Sie sind also in ihrer Entscheidung nur in geringem Maße auf ihre Erwartungen fixiert.
Man kann die beiden Dimensionen übereinander legen und erhält dann folgendes Schema, das Kundengruppen beschreibt, die mehr oder weniger leicht gebunden werden können:

Der genügsame Stammkunde

Diese Kundengruppe scheut den Aufwand, neues Terrain zu betreten neue Geschäftsbeziehungen einzugehen. Die potenziellen Risiken schrecken eher ab. Da der Kunde außerdem keine unabdingbaren Forderungen an das Produkt oder die Dienstleistung stellt, fällt es ihm leicht, sich an das Angebot seines Geschäftspartners anzupassen.Dieser Kunde ist ohne großen Aufwand zu binden. Er muss nicht ständig informiert werden und wird wieder zum Geschäftspartner zurückkehren, sobald er ein Kaufinteresse hat.

Der anspruchsvolle Stammkunde

Der anspruchsvolle Stammkunde scheut ebenfalls den Aufwand, neues Terrain zu betreten, und die Geschäftsbeziehung zu verändern. Dies steht allerdings unter Umständen in Konflikt mit seinen ausgeprägt präzisen Ansprüchen. Kann der Geschäftspartner diese erfüllen, dann wird es keine Schwierigkeiten geben, er bleibt treuer Kunde. Kann der Geschäftspartner die Ansprüche nicht erfüllen, dann wägt der Kunde zwischen Treue und eigenen Ansprüchen ab. Das Ergebnis ist kaum sicher vorhersagbar. Initiativen, die persönliche Bindung zu diesem Kunden maximieren, werden bewirken, dass der Kunde im Zwiespalt auf seine Ansprüche verzichtet.

Die Differenzierung unterschiedlicher Kundengruppen hinsichtlich der Dimensionen Verbindlichkeit und Anspruchsniveau könnte also erklären, dass nicht jeder Kunde gleichermaßen durch Initiativen zur Kundenbindung angesprochen werden kann, und dass es andererseits Kunden gibt, die diese Maßnahmen kaum benötigen.

Stellen Sie sich vor, ein Geschäft bietet ein Produkt an, dass man auch in anderen Geschäften erwerben kann. Hinsichtlich des Anspruchs wird nichts ganz besonders bedient. Anspruchsvolle Kunden werden also kaum erscheinen. Bleiben die genügsamen Stammkunden, die auch ohne Bindungsaktivitäten wiederkehren und die nomadischen Verbraucher. Die Strategie

Kundenbindungsverhalten

Der nomadische Verbraucher
Dieser Kunde hat nicht das Gefühl, an den Geschäftspartner gebunden zu sein. Er will es auch nicht. Er erlebt die Bindung überhaupt nicht als Vorteil. Deshalb wird er auch auf Bindungsinitiativen kaum ansprechen. Da seine Ansprüche vergleichsweise stark formbar sind, bindet er sich auch nicht an ein Produkt – zeigt also auch hier ausgeprägte Offenheit. Diese Kunden wird man nicht binden können. Hier lohnen auch keine ausgefeilten Methoden.

Der weltoffene Anspruchskunde
Der weltoffene Anspruchskunde lässt sich wegen seiner hohen und/oder präzisen Produkt- und Dienstleistungsanforderungen binden. Entscheidend ist hier nicht die persönliche Bindung an den Geschäftspartner. Solange jedoch die Qualität, der Preis, die Lieferbedingungen, die Exklusivität oder Ähnliches erfüllt werden, was der Kunde erwartet, und was man ihm bietet, hält dieser die Geschäftsbeziehung aufrecht. Dieser Kunde informiert sich also auch beim Wettbewerb und kommt nur solange zurück, wie seine Ansprüche erfüllt werden. Gebunden fühlt er sich nicht.

des Unternehmens sollte es jetzt sein, Filialen so zu verteilen, dass die nomadischen Verbraucher ausreichend Gelegenheit finden, mal eben hier einzukaufen. Über einen anderen Effekt – die Gewohnheit – wird der nomadische Verkäufer dann vielleicht im Falle einer Wahlnotwendigkeit automatisch die Filiale des Unternehmens aufsuchen. Er wäre jedoch nicht persönlich gebunden.

1.4 Welche Kunden wollen Sie binden?

Etablierte Unternehmen, die ihren Markt kennen und am Markt bekannt sind, stellen sich nicht mehr nur die Frage, wie sie Kunden binden können, sondern sie fragen sich, wie sie

bestimmte Kunden binden können und bei welchen Kunden dies sinnvoll ist. Die Annahme, dass nicht alle Kunden gleichermaßen bindungsbereit sind, regt vielleicht dazu an, anders über bestimmte Maßnahmen zur Kundenbindung nachzudenken. Die Annahme, dass Kunden unterschiedliche Anspruchsniveaus haben, die man als Anbieter möglicherweise gar nicht erfüllen kann, mag einen weiteren Aspekt in die Überlegungen einbringen.
Unter betriebswirtschaftlichen Gesichtspunkten sollte man sich aber auch mit der Frage beschäftigen, welche Kunden man überhaupt binden will. Das Modell des Kundenportfolios (Hentschel 1991) stellt das Ertragspotenzial und den Kundenwert miteinander in Beziehung.

Kundenportfolio

Die Einordnung der Kunden setzt natürlich voraus, dass man die beiden Variablen Kundenwert und Ertragspotenzial einschätzen kann. Starkunden sind beispielsweise hochrentable Kunden. Hier bietet es sich also besonders an, gezielte Servicemaßnahmen und eine exzellente Servicequalität zu liefern. Bei Ertragskunden ist keine besondere Entwicklung absehbar, weshalb sich die Frage stellt, inwieweit man hier über existierende Servicestandards hinausgehen sollte. Selektionskunden rechtfertigen keinen Serviceaufwand. Spannend sind noch die Fragezeichenkunden, da hier durch gezielte Servicemaßnahmen Potenziale bestehen, diese zu Starkunden zu machen.

2 Kompetenter Service

Was ihn ausmacht und wie man ihn erreicht

Nicht die Erfüllung vorab bestimmter Servicekriterien ist es, was den Erfolg im Umgang mit den Kunden ausmacht, sondern die Erfüllung der Kriterien, die aus der Sicht des Kunden entscheidend sind. Die Kundenerwartung entscheidet also. Man könnte sagen, dass es nicht nur wichtig ist, etwas richtig zu tun, sondern ebenso entscheidend ist, das Richtige richtig zu tun. Damit schränkt sich die Auswahl der Dimensionen, hinsichtlich derer die Erwartungen des Kunden übertroffen werden sollten, in der Praxis ein. Für eine effektive und effiziente Servicestrategie ist dies eine gute Aussicht.
In diesem Sinne sollen in diesem Kapitel einige Ideen vorgestellt werden, die bei der Auseinandersetzung mit der eigenen Servicestrategie grundsätzlich beachtet werden müssen.

2.1 Ausbildung von Kundenerwartungen

Welche Erwartungen Kunden ausbilden, speist sich aus unterschiedlichen Quellen (Zeithaml, Parasuraman, Berry, 1992):

Persönliche Bedürfnisse

Unterschiedliche Herkunft, Persönlichkeit, Lebensumstände, Arbeitsanforderungen, Bedürfnisse, und vieles mehr, beeinflusst, welche Ansprüche wir stellen und unterscheiden uns auch von den Bedürfnissen anderer Personen. In dem Modell zu den verschiedenen Kundentypen (Kapitel 3) wird erkennbar, dass solche Unterschiede zu flexiblem Verhalten im Umgang mit Kunden auffordern.

Bisherige Erfahrungen

Ein Profi stellt andere Erwartungen an ein Sportgerät oder die Beratung als ein Anfänger. Wer bereits in unterschiedlichsten Hotels Tagungen ausgerichtet hat, erwartet aufgrund zahlreicher unterschiedlicher Erfahrungen zweifelsfrei mehr oder auch anderes, als jemand, der dies zum ersten Mal macht. Wer mit einem Produkt, einer Organisation oder einer Dienstleistung bereits schlechte oder besonders gute Erfahrungen gemacht hat, wird in einer neuen Situation sicher sehr unterschiedlich auftreten. Kurzum, so vielfältig die bisherigen Erfahrungen sind, die man in der Vergangenheit gemacht hat, so vielfältig sind auch die Unterschiede bezüglich der Erwartungen, mit denen man als Kunde auftritt.

Kommunikation durch das Unternehmen

Wenn man als Kunde auf großen Transparenten liest, dass sich das Unternehmen zu Niedrigpreisen, zu Umtauschgarantie, zu perfektem Service, zu minimalen Wartezeiten, zu absoluter Frischegarantie, zu..... was auch immer verpflichtet, dann sensibilisiert man den Kunden auf diese Weise zu entsprechenden Erwartungen. Aber nicht nur die offiziellen Verkündungen sind als Kommunikation in diesem Sinne zu deuten. Auch das Ambiente von Verkaufsräumen, die Lage eines Unternehmens, oft schon der Name und das damit einhergehende Renommee einer Organisation, der Preis, die Zielgruppe, an die man sich richtet, wecken bestimmte Erwartungen.

Mündliche Empfehlungen

Wenn man als Kunde aufgrund von Empfehlungen zu einem bestimmten Arzt geht, einen Coach aufsucht, ein bestimmtes Gerät erwirbt, hat man meist erhöhte Erwartungen an Erfolgswahrscheinlichkeiten (z.B. bei Ärzten) oder Leistungsparameter (z.B. bei Geräten). In den Dienstleistungsbranchen ist das Fremdurteil vertrauenswürdiger Personen ein wichtiger Entscheidungsfaktor, da man Dienstleistungen nicht vorab testen kann.

Wesentlich ist, dass sich Kundenerwartungen ständig ändern. War es vor Jahr und Tag einmal eine begeisternde, weil überraschende Aufmerksamkeit, wenn man im Hotel ein Betthupferl auf seinem Kopfkissen oder einen Fön im Bad vorfand, so fällt

heutzutage allenfalls auf, wenn dies fehlt. Begeisterung weckt man so aber sicher kaum noch. Unternehmen und Mitarbeiter befinden sich in einem Dilemma. Steigern sie ihr Engagement in Sachen Service, dann heben sie gleichzeitig den Referenzmaßstab, an dem sie zukünftig gemessen werden. Wenn man dann hinter früheren Leistungen zurücksteht, dann fällt dies besonders deutlich und empfindlich auf.
Sich dem Thema ganz zu verschließen, ist andererseits nicht möglich, wenn man nicht Gefahr laufen will, vom Wettbewerb überholt zu werden.

Übung

Verschaffen Sie sich einen genaueren Blick auf Ihr Unternehmen:
Wer sind die typischen Kunden, mit denen Sie zu tun haben? Gibt es soziodemografische Besonderheiten, kulturelle Besonderheiten, finanzielle Charakteristika, motivationale, geografische oder bildungsbezogene Charakteristika, die die Kunden beschreiben?
Welche Erwartungen der Kunden lassen sich daraus ableiten?
Wie und inwieweit erfüllen Sie diese Erwartungen konkret?

2.2 Die Serviceuhr – was Kunden von gutem Service erwarten

Um den Dienst am Kunden optimieren zu können, ist es notwendig, Kriterien zu kennen, an denen man sich orientieren kann. Man muss die Frage beantworten, was eigentlich guten Service ausmacht, woran man ihn erkennen kann. Es ist nahe liegend, einen Zugang zur Beantwortung der Frage zu bekommen, wenn man sich selbst als Kunden beobachtet. Indem man sich beispielsweise die Frage stellt, was man als Kunde in der

Vergangenheit als persönlich begeisternd erlebt hat. Wenn Sie das jetzt tun und Ihnen spontan erst einmal nichts einfällt, dann sollten Sie sich nicht unbedingt wundern. Sicher liegt es nicht an Ihrem Gedächtnis, sondern mit größerer Wahrscheinlichkeit an der geringen Zahl der Gelegenheiten, zu denen Sie begeisternden Service erleben durften. Da muss man erst mal eine Weile nachsinnen und vielleicht sogar auf den letzten Urlaub (im Ausland) zurückgreifen.

Verallgemeinern lassen sich solche Dimensionen, die Kundenerwartungen oder Servicedimensionen beschreiben könnten, nicht. Man muss ja immer genau hinsehen, um welche Art von Kundenkontakt in welchem Zusammenhang und welcher Art von Geschäftsbeziehung es geht. Das kann aber nicht zum Killerargument werden, mit dem das, was Service ausmacht, zur Beliebigkeit degradiert wird. Einige Dimensionen für guten Service lassen sich übergreifend wiederfinden. Im Folgenden wird eine Auswahl vorgestellt, die es ermöglicht, den Umgang mit dem Kunden kritisch unter die Lupe zu nehmen.

Die folgende Übersicht stellt den Versuch dar, Servicequalität durch die Festlegung auf einzelne beschreibbare Dimensionen festzulegen. Damit wird gewissermaßen eine Definition vorgegeben, was Servicequalität ist. Sie soll nicht dogmatisch verstanden werden, sondern Unterstützung für Ihre Praxis bieten. Benutzen Sie die Aufzählung deshalb als Ausgangsbasis, von der aus Sie in Ihre eigene Praxis aufbrechen. Das bedeutet:

- Passen Sie die Beschreibung der Dimensionen Ihren persönlichen Erfordernissen an, soweit dies notwendig ist.
- Gewichten Sie die Auswahl der Servicedimensionen, die Ihnen relevant erscheint, denn es ist unwahrscheinlich, dass alle Servicedimensionen den gleichen Einfluss haben, die Gewichtung ist abhängig vom konkreten Arbeitsfeld.
- Verzichten Sie auf jene Servicedimensionen, die Ihre berufliche oder betriebliche Praxis nicht sinnvoll abbilden.
- Ergänzen Sie Servicedimensionen, die Ihnen unmittelbar sinnvoll erscheinen, und die vielleicht nicht berücksichtigt wurden.

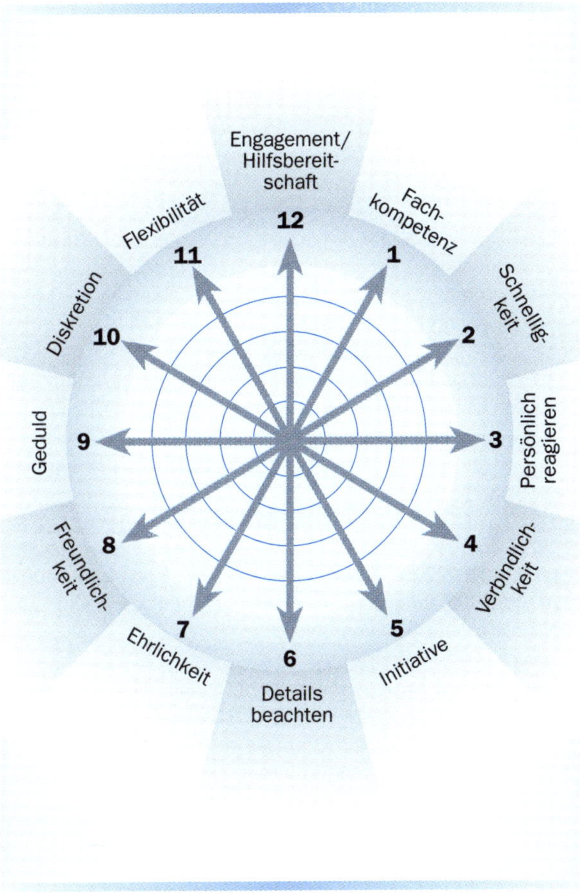

Die Serviceuhr – 12 Orientierungen für optimalen Service

Bitte blättern Sie um – Kommentare zu den 12 Aspekten finden Sie auf der folgenden Doppelseite.

1. Fachkompetenz

Ohne Fachkompetenz wird es Mitarbeitern schwer fallen, eine hohe Servicequalität zu garantieren. Viele der folgenden Dimensionen können über eine schwache Fachkompetenz hinwegtäuschen, ersetzen können sie sie aber nicht. Fachwissen und Erfahrungen bestimmen bei Detailfragen, wie gut sich der Kunde aufgehoben fühlt.

2. Schnelligkeit

Schnelligkeit bedeutet, dass man Lösungen so rasch wie möglich anbietet. Kunden die warten müssen, fühlen sich nicht so gut behandelt, wie solche, die rasch bedient werden. Und wer schneller ist als die Konkurrenz, hat Vorteile am Markt.

3. Persönlich sein

Persönlich zu sein, bedeutet, dass man beispielsweise den Namen des Kunden verwendet, dass man Details über ihn kennt, beispielsweise nachfragt, wie es mit dem vor kurzem erworbenen Gerät läuft, seine persönlichen Wünsche berücksichtigt.

4. Verbindlichkeit

Verbindlich zu sein bedeutet, dass man feste Zusagen macht, und dass man diese Zusagen auch einhält. Konkret bedeutet das, dass man präzise ist, wer was wann und wie macht, und dass der Kunde sich darauf verlassen kann.

5. Initiative

Guter Service ist auch daran zu erkennen, dass man aktiv wird, bevor der Kunde es erwartet oder bevor der Kunde es einfordert. Wenn man erkennt, dass der Kunde etwas Spezielles wünscht oder brauchen könnte, dann handelt man noch bevor der Wunsch formuliert wird.

6. Details werden beachtet

Guter Service macht sich oft an Details fest: Die leicht lesbare Broschüre, leicht bedienbare Geräte, ein nützliches Werbegeschenk und vieles mehr. Wichtig ist, dass der Kunde erkennt, dass man sich in ihn hineinversetzt hat, und ihm das Leben erleichtert.

7. Ehrlichkeit, wenn einmal ein Fehler passiert ist

Ehrlichkeit bedeutet nicht, dass man dem Kunden alles sagt, was man denkt. Manchmal ist eine Notlüge besser, wenn der Kunde sich damit wohl fühlt. Aber wenn einmal ein Fehler passiert ist, dann wird dies ohne Wenn und Aber eingestanden und eine Lösung angeboten.

8. Freundlichkeit

Freundlichkeit erkennt man an der guten Laune der Mitarbeiter, an ihrem Lächeln, an ihrer Offenheit und ihrem Interesse, auf den Kunden zuzugehen.

9. Geduld

Den Anliegen des Kunden wird mit Geduld begegnet. Man hat als Kunde das Gefühl, dass sich jemand mit hundertprozentiger Aufmerksamkeit dem Kunden widmet, um seine Fragen oder Anliegen zu bearbeiten. Der Mitarbeiter vermittelt Sicherheit, weil er sich nicht aus der Ruhe bringen lässt.

10. Diskretion

Es wird sensibel wahrgenommen, wann die Privatsphäre des Kunden berührt ist. Es werden Vorkehrungen getroffen, dass unbeteiligte Dritte oder neugierige Außenstehende keine diskreten und persönlichen Informationen mitbekommen. Man fühlt sich als Kunde in dieser Hinsicht aufgehoben. Es besteht kein besonderer Bedarf sich schützen zu müssen.

11. Flexibilität

Ungewöhnliche oder ausgefallene Wünsche des Kunden werden interessiert wahrgenommen und mit kreativem Einsatz umzusetzen versucht.

12. Engagement/Hilfsbereitschaft

Hilfsbereitschaft drückt sich darin aus, dass mehr getan wird, als man als Kunde erwarten kann. Der Mitarbeiter, der eine dringende Lieferung auf dem Heimweg persönlich abgibt, der sich die Mühe macht, eine Information, über die man spricht, herauszusuchen und zuzusenden, das sind Beispiele für Engagement.

Die Übersicht der Servicedimensionen gibt Anregungen, worauf man achten kann, wenn man den Grad an Kundenorientierung

- im eigenen Verhalten beurteilen möchte,
- in der eigenen Abteilung einschätzen möchte und
- auf der Ebene der Organisation kategorisieren möchte.

Einige Leistungen, die aus Kundensicht guten Service ausmachen, sind Kombinationen aus den genannten Punkten. So ist es beispielsweise überraschend und für viele Kunden beeindruckend, wenn sie unerwartet (Erwartung übertroffen) mit Namen angesprochen werden (persönlich sein). Oder wenn zuvorkommend (Freundlichkeit) die Idee geäußert wird, dass man hier natürlich eine Dienstleistung für den Kunden maßschneidern wird (Initiative, Flexibilität), die so nicht vorgesehen ist – und das, bevor der Kunde danach fragt.
Es ist weder realistisch, noch notwendig, hinsichtlich jeder Dimension eine optimale Ausprägung zu haben. Die Liste soll eher zur Anregung dienen, den Status der eigenen Kundenorientierung hinsichtlich einiger beschreibbarer Kriterien einschätzen zu können und darüber hinaus Anregungen zu erhalten, wo konkret man an seiner Servicestrategie arbeiten kann. Darauf gehe ich in Abschnitt 2.4 ein.

Übung

Wo können Sie den Service in Ihrer Abteilung oder in Ihrem Unternehmen noch optimieren?

Nachdem beschrieben ist, woran man guten Service erkennt, sollten Sie einen Blick in Ihre Praxis werfen. Haben Sie Mut, die Servicekompetenz Ihrer Abteilung zum Gegenstand einer kritischen Betrachtung zu machen! In der Serviceuhr sind Serviceregeln zusammengefasst. Die Zahlen ermöglichen eine

Einschätzung auf jedem Faktor. Sie können das Schaubild vervielfältigen und als Diskussionsgrundlage verwenden :

- Vergleichen Sie Ihre persönliche Einschätzung als Vorgesetzter mit den Einschätzungen Ihrer Mitarbeiter.
- Vergleichen Sie Ihre persönliche Einschätzung als Mitarbeiter mit der Einschätzung Ihrer Kollegen.
- Vergleichen Sie Ihre Einschätzung mit der ausgewählter Kunden, von denen Sie ein ehrliches Urteil erwarten.
- Vergleichen Sie die Einschätzung, die Sie und Kollegen von Ihrer Abteilung/Ihrem Unternehmen haben mit der Einschätzung, die Sie von einem Wettbewerber anfertigen.
- Nutzen Sie die Checkliste zur Konstruktion eigener Beobachtungsbogen, auf denen die Kriterien aufgeschlüsselt sind, die Ihnen in Ihrer Servicestrategie wichtig sind.

Diese verschiedenen Einschätzungsmöglichkeiten lassen sich zur Planung eines Workshops oder einer strukturierten Besprechung über die eigene Servicestrategie nutzen.
Der Vergleich von Selbsteinschätzung und der Einschätzung anderer Personen gibt erfahrungsgemäß immer Anlass zu kontroversen Diskussionen, aus denen Impulse erkennbar werden.

2.3 Servicequalität gezielt verbessern

Nachdem die Serviceuhr nun konkrete Anregungen bietet, wie man den Service prüfen und optimieren kann, stellt sich die Frage, wo man beginnen soll. Soll man überhaupt beginnen? Um die Antwort gleich vorweg zu nehmen: Ja! Das soll gleich ausführlich begründet werden. Ich werde die Antwort auf die Fragen in den folgenden drei Abschnitten geben.

- Marktführerschaft durch Service? –
  Sie kommen um das Thema Kundennähe nicht herum.
- Service blueprinting –
  Finden Sie Ansatzpunkte für mehr Kundennähe
- Kano-Analyse –
  Die Auswahl entscheidet: Das Richtige richtig tun!

Marktführerschaft durch Service?

Der Erfolg eines Unternehmens kommt nicht von ungefähr. Er setzt eine Strategie voraus, die konsequent verfolgt wird, und die besser ist als der Wettbewerb. Treacy & Wiersema (1993) sind der Frage nachgegangen, wie erfolgreiche Unternehmen Wert und Nutzen für den Kunden schaffen. Sie haben drei unterschiedliche Nutzendisziplinen unterschieden, die ein Unternehmen verfolgen kann.

Betriebliche Spitzenleistung

Betriebliche Spitzenleistung meint, dass hochwertige Produkte oder Serviceleistungen zu wettbewerbsfähigen Preisen geboten werden und dass diese Produkte ohne große Umstände geliefert werden.

Größtmögliche Kundennähe

Märkte werden präzise segmentiert und geeignete Nischen bestimmt, auf deren Anforderungen das eigene Angebot maßgenau zugeschnitten wird. In dieser Disziplin wird maßgenau geliefert, indem detaillierte Marktkenntnisse und betriebliche Flexibilität den Kundenwünschen angepasst werden.

Unangefochtene Produktführung

In dieser Disziplin spielt Innovation die größte Rolle: Als erster die neuesten Produkte am Markt etablieren und so den Wettbewerbern stets eine Nasenlänge voraus sein.

Treacy und Wiersema vertreten die These, dass Unternehmen, die sich in zwei Bereichen mindestens im Branchendurchschnitt bewegen müssen, und nur in einer Disziplin Leistungsgrenzen zu erweitern brauchen, um besser als die Konkurrenz abzuschneiden.
Eine wichtige Beobachtung war, dass Unternehmen, die Marktführer wurden, ihr gesamtes Geschäftssystem konsequent auf die eine Nutzendisziplin ausgerichtet haben. Für die Disziplin Kundennähe setzt das natürlich voraus, dass man

über sehr genaue Vorstellungen darüber verfügt, wer die eigenen Kunden sind, wie sie sich differenzieren, welche Erwartungen und Vorstellungen diese Kundensegmente unterscheidet, und was es braucht, um diese Kunden zu binden. Dass solche Unternehmen Mitarbeiter benötigen, die auf die individuellen Kundenbedürfnisse eingehen, spiegelt sich in der Personalauswahl und Personalentwicklung natürlich wider.

Die Studien von Treacy und Wiersema legen mehrere Schlüsse nahe:

- Kundennähe ist kein Muss! Wenn ein Unternehmen sich auf eine der beiden anderen Disziplinen konzentriert, dann kann das genauso zum Erfolg führen wie eine Servicestrategie. Aber...
- ...Kundennähe muss, wie die übrigen beiden Faktoren mindestens durchschnittlich erbracht werden, wenn man langfristig erfolgreich bleiben will. Das bedeutet, dass man sich vor der Aufgabe, Service zu beachten, nicht drücken kann.
- Das Maß für „durchschnittlichen Service" hängt von den aktuellen Leistungen des Wettbewerbs und den Erwartungen der Kunden ab. Wie gezeigt wurde, verändern sich diese Größen, was kontinuierliche Anpassungen erfordert.
- Geschäftsprozesse müssen sich der Unternehmensstrategie anpassen. Wenn Kundennähe groß geschrieben wird, dann müssen auch die Prozesse daran ausgerichtet werden.

Service blueprinting

Wenn Kundennähe also ein Thema ist, das man nicht vollständig ausklammern kann, dann stellt sich die Frage, wie und wo man die Servicedimensionen, die in der Serviceuhr beschrieben wurden, sinnvollerweise umsetzen kann. Dazu soll die Methode des service blueprinting vorgestellt werden.
Das service blueprinting wurde in den 80er-Jahren entwickelt, um Dienstleistungsangebote systematischer zu analysieren und zu planen.

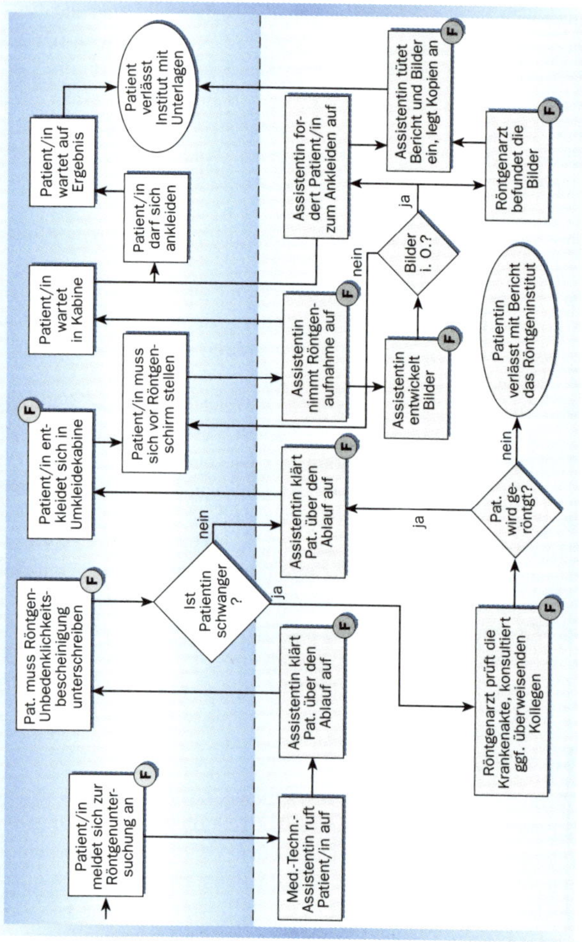

Service blueprint [Quelle: Hoeth, U., Schwarz, W. (2002). Qualitätstechmiken für die Dienstleistung. Hanser. S. 53]

Ein blueprint ist ein Abziehbild, ein service blueprint ein Ablaufdiagramm, das die Dienstleistung systematisch in Teilschritte zerlegt.

Die nebenstehende Abbildung zeigt ein Beispiel. Die Erstellung des blueprints erfolgt, indem man sich zunächst auf die zu analysierende Dienstleistung einigt. Das Beispiel mag bereits eine Idee davon vermitteln, dass man überschaubare Einheiten betrachten sollte, um nicht der Komplexität zum Opfer zu fallen. Definierter Anfang und Ende müssen festgelegt werden, bevor man beginnt, den Prozess abzubilden. Oft bietet sich an, unterschiedliche Handlungsbereiche durch Linien voneinander zu trennen (beispielsweise Bereiche, die vom Kunden nicht gesehen werden können von sichtbaren Bereichen, den Aktivitätsbereich des Dienstleisters vom Aktivitätsbereich des Kunden oder unterschiedliche interne Bereiche voneinander).
Das service blueprinting ist aus folgenden Gründen bedenkenswert:

- Durch einen service blueprint der Dienstleistung erhält man eine detaillierte Beschreibung des Dienstleistungsprozesses. Das Ergebnis ist die perfekte Grundlage zur systematischen Serviceanalyse und Serviceplanung.
- Die Erstellung des blueprints zeigt anschaulich, an welchen Stellen Service möglich ist, wo er in welcher Form bereits geboten wird.
- Die Analyse des blueprints zeigt die aktuellen Schwachstellen derzeitiger Servicebemühungen.
- Der Vergleich des eigenen blueprints mit Wettbewerbern gibt oft Anregungen, an welchen Punkten die eigene Servicestrategie erweitert werden könnte.

Die Kano-Analyse: Welche Faktoren machen Kunden zufrieden?

Die Analyse des service blueprints wird erfahrungsgemäß eine Reihe potenzieller Ansatzpunkte zur Verbesserung des eigenen Service aufdecken. Wichtig ist jetzt, eine geschickte Auswahl

der Punkte vorzunehmen, bei denen der höchste Nutzen zu erwarten ist. Für diesen Auswahlprozess können die Überlegungen Kanos einen Ansatzpunkt liefern.
Der Japaner Noriaki Kano hat eine Unterscheidung vorgestellt, wenn man prüfen möchte, ob Maßnahmen zur Steigerung der Produktqualität sich tatsächlich auf die Steigerung der Kundenzufriedenheit auswirken. Das Kano-Modell kann auch auf Dienstleistungen übertragen werden und gibt nützliche Anregungen, um die richtigen Entscheidungen bezüglich der Servicedimensionen zu treffen, auf die man zukünftig besonderes Augenmerk richten möchte. Das Kano-Modell (nach Herrmann et al., 2000; in ähnlicher Weise das „Diskonfirmations-Modell“, Stauss, 1999) unterscheidet drei Anforderungstypen:

Basisanforderungen

Basisanforderungen sind solche, die ein Produkt unbedingt erfüllen muss. Wenn diese nicht erfüllt sind, wird der Kunde unzufrieden. Werden diese Erwartungen erfüllt, steigt damit nicht die Zufriedenheit, sondern die Unzufriedenheit wird lediglich vermieden. Man könnte es so verstehen: Erhalten Sie den bestellten Kaffee kalt, werden Sie kochen, erhalten Sie ihn heiß, wird Sie das kalt lassen. Die Investition in Basisanforderungen sollte nur auf die Erfüllung hinauslaufen. Verstärktes Engagement in Faktoren, die vom Kunden als Basisanforderderung wahrgenommen werden, sind verschwendete Mühen.

Leistungsanforderungen

Eine Steigerung der Faktoren, die als Leistungsanforderungen identifiziert werden, bewirken beim Kunden ebenfalls eine Steigerung der Zufriedenheit. Kunden sind an Leistungsanforderungen ausdrücklich interessiert. Für das gleiche Geld mehr Ausstattung zu bekommen, gilt beispielsweise in Bezug auf Speicherkapazität bei PCs oder Speichersticks.
Eine Investition in Leistungsanforderungen scheint sich also besonders zu rentieren, weil damit auch die Kundenzufriedenheit proportional ansteigt.

Begeisterungsanforderungen

Über die ersten beiden Anforderungstypen hinaus gibt es Produkteigenschaften, die vom Kunden nicht erwartet werden, deren Erfüllung aber in einem außergewöhnlichen Maß die Zufriedenheit beeinflussen. Da der Kunde sie nicht erwartet, wird er sie auf Anfrage auch nicht äußern können. Oft handelt es sich dabei um Leistungen, die ohne zusätzliche Berechnung mitgeliefert werden. Während die Erfüllung der Begeisterungsfaktoren einen überproportionalen Anstieg der Kundenzufriedenheit bewirkt, hat die Nichterfüllung keine Auswirkungen. Das verwundert nicht, da Erwartungen, die nicht existieren, auch nicht enttäuscht werden können.

Eine Investition in die Suche von Begeisterungsanforderungen scheint sich zu lohnen. Man sucht hier aber nach der Nadel im Heuhaufen, die einen vom Wettbewerb abhebt und es entsteht kein Nachteil, wenn man sich nicht darum, sondern um leicht erkennbare Leistungsanforderungen kümmert. Deshalb scheuen viele Unternehmen den Aufwand. Kritisch muss man einräumen, dass keineswegs bewiesen ist, ob überhaupt in jeder Branche Begeisterungsanforderungen identifizierbar sind.

Inwieweit die Aussagen des Kano-Modells auf den Dienstleistungsbereich übertragen werden können, müsste wissenschaftlich noch genauer geprüft werden. Grundsätzlich scheint dem aber nichts zu widersprechen, die Differenzierung in die drei verschiedenen Anforderungstypen auch hier anzunehmen. Unter der Voraussetzung, dass dies möglich ist, gilt dann nicht nur für die Produktentwicklung, sondern auch für den Dienstleistungsbereich:

- Nicht jede Servicedimension hat die gleiche Bedeutung, wenn es um die Erhöhung der Kundenzufriedenheit geht.
- Weniger kann mehr sein, wenn man sich auf die richtigen Servicedimensionen im richtigen Maß konzentriert.
- Unterschiedlich wichtige Kunden können mit entsprechend zugeschnittenen Leistungsangeboten bedient werden, die für den Kunden erkennbare und gewünschte Mehrwerte liefern.

- Man kann die eigenen Servicebemühungen unter dem Blickwinkel der Kano-Kriterien prüfen und gegebenenfalls sogar auf die eine oder andere Leistung verzichten, wenn man erkennt, dass es sich um unnötige Basisanforderungen handelt.

2.4 Der Entwurf einer Servicestrategie

Die vorangegangenen Überlegungen sind das Handwerkszeug, systematisch eine Servicestrategie zu erarbeiten.
Dies kann in verschiedener Hinsicht geschehen. Unabhängig davon, ob es um interne Kunden oder externe Kunden geht, kann man sich auf den folgenden Ebenen darum bemühen:

- Organisation: Hier stellt sich die Frage nach der Ausrichtung des Gesamtunternehmens, ähnlich wie es von Treacy und Wiersema (s. Kap. 2.3) gedacht wurde.
- Abteilung: Hier stellt sich eine bestimmte Abteilung, vielleicht eine Abteilung mit starkem Kundenkontakt die Frage, wie Service strategisch angegangen werden soll – unabhängig von der Ausrichtung des Gesamtunternehmens.
- Persönliche Ebene: Hier beantwortet eine Person, die in erster Linie im Service arbeitet, die Frage für sich selbst, um besser mit Kunden umgehen zu können, oder um am Arbeitsmarkt bessere Chancen zu haben.

Je nachdem, welchen Stellenwert das Thema Kundenorientierung oder Serviceorientierung hat, wird dies nach außen erkennbar sein. Unabhängig von der Ebene kann man das daran erkennen,

- ob so etwas wie eine „Strategie“ gelebt wird,
- inwieweit explizit Standards konkretisiert sind,
- inwieweit Standards verbindlich eingehalten werden,
- inwieweit Standards in die Personalbeurteilung einfließen.

Es ist keine zwingende Bedingung, dass auf Organisations- oder Abteilungsebene schriftliche Vereinbarungen über die eigenen Servicestandards existieren. Insbesondere in Kleinunternehmen oder auf Abteilungsebene wird oft ein „Servicegeist“ gelebt und im Tagesgeschäft durch gegenseitige Kontrolle immer wieder wechselseitig eingefordert, ohne dass dies schriftlich fixiert ist.

Die Kriterien der Serviceuhr können in diesem Zusammenhang eine wertvolle Hilfe sein, die eigene Servicestrategie konsequenter und systematischer zu planen.

Die Abbildung zeigt, in welchen Schritten man vorgehen kann.

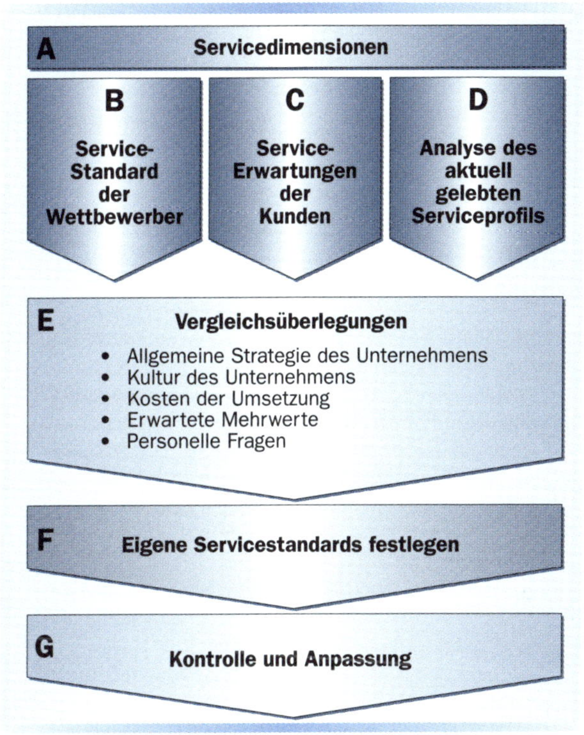

Entwicklung und Optimierung einer Servicestrategie

Die Entwicklung einer Servicestrategie

A. Servicedimensionen

Die Orientierungshilfen der Serviceuhr und ein service blueprint bilden die Grundlage zu systematischer Datenerhebung und Datenvergleich im folgenden Schritt. Bezüglich der Serviceuhr gibt es möglicherweise Gründe, die ein oder andere Dimension auszuschließen, umzuformulieren oder zu ergänzen. Beim service blueprinting erkennt man vielleicht, dass man sich zunächst auf den ein oder anderen entscheidenderen Ausschnitt der Dienstleistung konzentrieren sollte, um den Überblick zu behalten. Wenn ein service blueprint zu aufwändig ist, kann man erst einmal mit der Serviceuhr beginnen.

B. Servicestandards der Wettbewerber

Auf der Basis der relevanten Servicedimensionen kann ein benchmarking anerkannter, wichtiger oder interessanter Wettbewerber folgen. Wie systematisch und detailliert die Erhebung ist, hängt von dem Aufwand ab, den zu leisten man bereit ist. Das Ergebnis sollte jedenfalls ein aussagefähiges Profil sein, das später einen Vergleich erlaubt. Dazu bietet es sich an,

- mehrere Wettbewerber bei dem Vergleich zu berücksichtigen,
- High Performer und Low Performer einzubeziehen, um ein breiteres Bild der Unterschiede und Eigenpositionierung zu erhalten,
- konkrete Beispiele für die Ausprägungen knapp zu dokumentieren,
- unterschiedliche Beurteiler einzubinden, um Verzerrungstendenzen zu minimieren.

C. Erwartungen der Kunden

Ohne zu wissen, welche konkreten Erwartungen die eigenen Kunden haben, ist es schwer möglich, kundenorientiert zu arbeiten. Selbstredend, dass man also auch verfügbare Quellen erschließen und ausschöpfen muss, die Aussagen über die Kundenerwartungen erlauben. Befragungen zur Kundenzufriedenheit, direkte Gespräche mit repräsentativen Vertretern der Zielgruppe, Analyse der Mitarbeitererfahrungen im Kundenkontakt sind Beispiele, sowie die Berücksichtigung der Erfahrungen aus Beschwerden Quellen in diesem Sinne. Auch hier sind die Servicedimensionen die Basis zur Kategorisierung der Daten.

D. Analyse des gelebten Serviceprofils

Auch wenn hier erst zu guter Letzt auf die Analyse des Ist-Zustandes eingegangen wird, sagt dies nichts über den Stellenwert aus. Natürlich steht am Anfang der Entwicklung einer eigenen Strategie auch die Erhebung des Status quo. Hier gilt, was bereits an Vorschlägen zur Analyse des Wettbewerbs formuliert wurde. Werfen Sie einfach noch einmal einen Blick auf den obigen Absatz. Während man bei der Beurteilung des Wettbewerbs selber schon zum ausreichend kritischen Blick motiviert sein mag, könnte es aber sein, dass beim Blick auf die eigene Ausgangslage das Auge etwas großzügiger oder sogar getrübt ist. Erwägen Sie deshalb, einen unabhängigen außenstehenden Berater hinzuzuziehen.

E. Vergleichsüberlegungen

Wenn die Daten aus den unterschiedlichen Blickwinkeln erhoben sind, sollte man nicht sofort danach fragen, wie man zum Meister aller Klassen aufsteigen kann. Der Erfolg Ihrer Strategie hängt davon ab, was machbar ist. Was Sie als Erfolg bezeichnen, hängt von Ihren Zielen ab, ob Sie diese erreichen, hängt von dem ab, was unter den gegebenen Umständen machbar ist, und was machbar ist, ist noch nicht unbedingt profitabel. Bevor man die Servicestrategie festlegt, sollte man also die Rahmenbedingungen berücksichtigen und Überlegungen darüber anstellen, was einer kritischen Kosten-Nutzen-Analyse standhält. In diesem Zusammenhang ist es auch notwendig, Überlegungen einzubeziehen, wie sie in Kapitel 2.3 angestellt wurden, um zu einer schlanken, günstigen und effektiven Strategie zu gelangen.

F. Eigene Servicestrategie festlegen

Nachdem die Vergleichsüberlegungen eingeflossen sind, sollte es möglich sein, konkret festzulegen, welche Servicedimensionen fokussiert betrachtet werden müssen, an welchen Kontaktpunkten man ansetzen sollte, und wie zeitliche Prioritäten gesetzt werden.

G. Kontrolle und Anpassung

Da Kundenerwartungen sich fortwährend wandeln, der Wettbewerb nicht schläft, Müdigkeit einen aber schnell übermannt, wenn die ersten wichtigen Umsetzungsetappen erst einmal erreicht wurden, tut die regelmäßige Auffrischung gut. Das erneute durchlaufen der Prozessschritte A bis F unter der Zielsetzung einer periodischen Kontrolle und Anpassung der Strategie dient diesem Zweck.

Auf den Punkt gebracht

- Service muss sich immer an Kundenerwartungen orientieren. Diese stammen aus verschiedenen Quellen: Zu beachten sind erstens persönliche Bedürfnisse und bisherige Erfahrungen der Kunden. Zweitens muss immer eingelöst werden, was das Unternehmen in seiner Kommunikation verspricht. Drittens gilt es, dem Ruf des Unternehmens gerecht werden, der zur Empfehlung führt.
- Kundenerwartungen lassen sich nach Dimensionen gliedern – Fachkompetenz, Tempo, Freundlichkeit, persönliche Bedienung, Flexibiliät sind einige wichtige. Die Serviceuhr auf Seite 21 nennt weitere.
- Ideen zur Etablierung solchermaßer guten Service lassen sich aus Best-practice-Beispielen schöpfen – wie machen das große, erfolgreiche Unternehmen? Betriebliche Spitzenleistungen, größtmögliche Kundennähe und unangefochtene Produktführung gehören dazu und sind nicht auf „Große“ beschränkt, sondern von auch von „Kleinen“ realisierbar!
- Am Anfang und dann regelmäßig sind Leistungen und Schwachstellen zu analysieren. Als systematisches Instrument bietet sich „Service blue printing“ an.
- Nach der Analyse kann es nicht darum gehen, „alles“ umsetzen zu wollen. Das ist weder machbar noch überhaupt sinnvoll. Im Sinne einer Kano-Analyse lassen sich Basis-, Leistungs- und Begeisterungsanforderungen unterscheiden, die das Spektrum von notwendiger Pflicht bis wirksamer Kür aufzeigen.
- Nicht nur im Service gilt: Blinder Aktionismus bringt nichts ein, sondern es muss eine systematische Servicestrategie entwickelt werden!

3 Verschiedene Kundentypen erkennen

Voraussetzungen für die passende Ansprache

Jeder hat die Erfahrung gemacht, dass es Menschen gibt, zu denen man schneller einen Draht aufbauen kann, und andere, bei denen das schwerer gelingt. Menschen sind unterschiedlich, und das ist etwas, was sowohl aus unternehmerischer als auch aus persönlicher Sicht im Umgang mit dem Kunden eine nicht immer erwünschte Portion Unberechenbarkeit mit ins Spiel bringt. Kein Wunder also, dass es Bestrebungen gab und gibt, Kunden zu kategorisieren, um überschaubarer zu machen, welche unterscheidbaren Typen es gibt, und welche Erwartungen, Lebenshaltungen, Motive, Gewohnheiten sie charakterisieren. Der Versuch, die Gesamtheit der Kunden eines Unternehmens zu kategorisieren, hat im Marketing dazu geführt, nach Modellen zu suchen, um Kunden zu differenzieren. Es gibt eine Vielzahl solcher Modelle. Sie sind auf Unternehmensebene zur Planung strategischer Entscheidungen in der Produktion oder im Marketing sicher sinnvoll. Wenn man erkennt, dass sich die Kundenstruktur aus Gruppen mit voneinander abgrenzbaren Erwartungsstrukturen zusammensetzt, stellen sich auf die Kundenorientierung bezogen natürlich einige Fragen:

- Welche Qualitätserwartungen haben die Kundengruppen?
- Wie wurde bisher Kundenbindung betrieben und wie soll dies sinnvollerweise zukünftig geschehen?
- Welche Kunden sind wichtig?
- Welche Serviceerwartungen haben die unterschiedlichen Kundengruppen?
- Wie können Maßnahmen zur Kundenorientierung spezifisch auf Kundengruppen zugeschnitten werden?

Insbesondere die Frage, welche Kundengruppe überhaupt an ein Unternehmen gebunden werden soll, ist eine wesentliche unternehmensstrategische Überlegung. Denn damit werden

Vorbedingungen geschaffen, die von allen Unternehmensbereichen berücksichtigt werden müssen.
Eine undifferenzierte „Der Kunde ist König"-Strategie, die diese Vorüberlegungen nicht anstellt, führt regelmäßig bei den Mitarbeitern mit direktem Kundenkontakt zu inneren Konflikten. Einerseits zwingt nämlich die Forderung nach maximaler Serviceorientierung zur Gleichbehandlung aller Kunden, und andererseits erlebt man, dass der eine oder andere Kunde wichtiger, ertragreicher oder loyaler ist. Mitarbeiter spüren dann, dass da irgendetwas nicht stimmen kann, wenn man von ihnen immer und bei jedem Kunden maximalen Einsatz fordert.
Im direkten Umgang mit dem Kunden ist es notwendig, mit Modellen zu arbeiten, die eine Einschätzung der Person erlauben, die direkt vor einem steht, oder mit der man im telefonischen Kontakt ist. Dazu braucht man verhaltenspsychologisch orientierte Modelle, die eine schnelle Einordnung des Kunden erlauben und die konkrete Tipps geben, wie man sich den unterschiedlichen Kundentypen gegenüber verhalten kann.
Das macht deutlich, dass marketingbasierte und psychologisch orientierte Modelle einander durchaus ergänzen können. Sie spiegeln nur verschiedene Betrachtungsebenen wider.
Ich werde ein Modell vorstellen, dass sich im direkten Umgang mit Kunden in der Praxis bewährt hat. Es ist einfach aufgebaut, und andererseits differenziert genug, um auch beschreiben zu können, wie bestimmte Kunden sich unterschiedlich verhalten, oder warum Sie vielleicht mit bestimmten Kunden tendenziell leichter umgehen können als mit anderen. Und es erlaubt, konkrete Tipps abzuleiten, wie Sie mit den verschiedenen Typen am besten umgehen.
Wie jedes Kategoriensystem verleitet auch dieses dazu, die komplexe Vielfalt menschlicher Erscheinungen in eine überschaubare Zahl von Schubladen zu packen. Ehe man sich versieht, gibt es dann nur noch vier Typen und wer nicht passt, wird passend gedacht. Deshalb Vorsicht. Das Modell vereinfacht und soll eine Hilfe sein, die Wirklichkeit fassbarer zu machen. Nicht mehr – aber auch nicht weniger.

3.1 Vier typische Beispiele

Beginnen wir mit der Praxis. Lesen Sie auf Seite 42/43 die Situationen und vergleichen Sie die Personen. Wir befinden uns in einer Filiale eines Kosmetikgeschäfts.
Vielleicht erkennen Sie sich selbst als Kunden wieder oder vielleicht auch den ein oder anderen Kunden oder Bekannten? Offensichtlich unterscheidet sich das Verhalten der vier Kunden. Und egal auf welches Verkaufs- oder Beratungsgespräch wir es übertragen: Im Prinzip lassen sich diese vier Kundentypen immer wieder entdecken. Für die Praxis von Bedeutung ist, worin genau die Typen sich unterscheiden, wie man sie erkennt und wie man mit ihnen umgeht.

Die vier Kundentypen

Virginia Satir (1972) hat schon in den 70ern vier Grundhaltungen unterschieden, aus denen heraus Menschen in Kontakt zueinander treten. Allessandra & O´Connor (1997) haben viel später eine Systematik entwickelt, in der sie die gleichen Typen beschreiben – etwas konkreter und ausführlicher, aber ohne Satir mit einem Wort zu würdigen. Ich will hier auf diesen Beschreibungen aufbauen, weil sie anschaulich und leicht anwendbar sind. Die Beschreibungen und Erläuterungen habe ich zum Teil verändert und auf Kundentypen übertragen, um den Bezug zu unserem Thema herzustellen und die direkte Anwendung zu erleichtern.
Die Ausgangsidee der Unterteilung in vier unterschiedliche Typen ist, dass zwei Dimensionen des Verhaltens mit jeweils zwei Ausprägungsmöglichkeiten miteinander in Beziehung gesetzt werden. Die erste Dimension ist die Offenheit/Reserviertheit, die zweite Dimension Direktheit/Indirektheit. Kombiniert man die beiden Dimensionen in einem Raster, ergeben sich vier Typen, die weiter unten noch beschrieben werden. Gehen wir jedoch Schritt für Schritt vor:

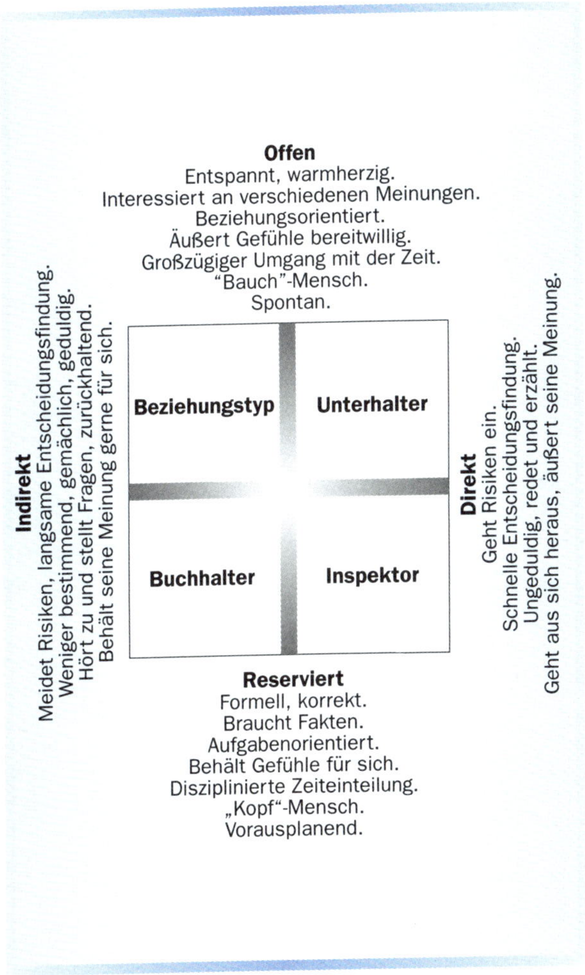

Die vier verschiedenen Kundentypen

Vier Kundentypen – Beispiele (Kosmetikgeschäft)

Kundin A., unauffällig chic gekleidet, geht zum Regal mit den Kosmetika, um Ersatz für eine Creme zu kaufen. Auf die Frage, wie die Verkäuferin ihr helfen könne, schildert sie mit kurzen präzisen Sätzen, welche Creme sie bisher benutzt habe, auf welche Eigenschaften sie Wert lege und fragt, ob das Produkt, das sie kennt, vorhanden sei oder ob es auch etwas Vergleichbares gäbe. Das Produkt ist vorhanden, aber die Verkäuferin stellt noch eine Alternative vor. Frau A. fragt, was an dieser Creme besonders sei. Sie nimmt die beiden Verpackungen in die Hand, vergleicht, während sie aufmerksam zuhört und nimmt dann doch die Creme, nach der sie gefragt hatte. Sie bedankt sich kurz, geht noch an zwei Regalen vorbei, aus denen sie etwas mitnimmt, was zu Hause fehlt und stellt sich an der Kasse an.

Kundin B., chic und auffällig gekleidet, betritt das Geschäft, um Ersatz für eine Creme zu kaufen. Sie sucht gleich nach einer Verkäuferin, um ihr zu schildern, dass sie eine ganz hervorragende Creme hatte, für die sie nun einen Ersatz suche. Es komme schon darauf an, dass es diese Marke sei. Das Produkt ist vorhanden, aber die Verkäuferin stellt schwärmend eine Alternative vor. Frau B. zeigt sich interessiert, sagt, dass sie den Hersteller von anderen Produkten kennt, fragt, ob man die Creme mal probieren kann, ist beim Testen begeistert, lässt sich von der Verkäuferin überzeugen, die größere Angebotspackung zu erwerben, und geht anschließend zur Kasse. Draußen auf dem Weg fällt ihr ein, dass sie noch etwas vergessen hatte, was sie zu Hause benötigt.

Kundin C., bequem und chic gekleidet, betritt das Geschäft, um Ersatz für eine Creme zu kaufen. Sie schaut sich nach einer Verkäuferin um und wartet in der Nähe der Kosmetika, bis sie mit Blickkontakt und Lächeln auf sich aufmerksam gemacht hat. Auf die Frage, wie die Verkäuferin ihr helfen könne, fragt sie, ob die Creme, die sie bisher genutzt habe, auch im Sortiment wäre. Die Verkäuferin bringt das Produkt und stellt schwärmend eine Alternative vor. Frau C. hört aufmerksam zu, lächelt und nickt. Sie fragt, ob man nicht besser bei seiner Sorte bliebe, wenn man zufrieden sei, sagt aber auch, dass die andere Creme sicher gut sei und sie sie vielleicht beim nächsten Mal ausprobieren könne. Freundlich bedankt sie sich für die nette Beratung und fragt noch, wo denn einige Artikel stehen, die sie noch benötigt. Dass die Verkäuferin sie begleitet, findet sie nett und verabschiedet sich noch einmal, bevor sie zur Kasse geht.

Kundin D., dezent streng und chic gekleidet, geht zielstrebig zum Regal mit den Kosmetika. Sie spricht eine Verkäuferin an, wo sie die Cremes findet. Auf die Frage, ob sie etwas Bestimmtes suche, nennt sie die Marke ihrer Creme, fragt dann aber, ob die Verkäuferin ihr etwas Vergleichbares anbieten könne. Die Verkäuferin stellt ihr eine Alternative vor. Während die Verkäuferin eine Alternative vorstellt, liest die Kundin auf der Verpackung, unterbricht die Verkäuferin und fragt, ob sie erst einmal eine Probe bekommen könnte. Dann erkundigt sie sich gleich, wie lange das Produkt bereits auf dem Markt sei und welche weiteren Produkte der Firma im Programm seien. Sie dankt kurz und sagt, dass sie lieber bei ihrer Creme bleibe. Sie geht noch am Regal vorbei, wo einige Artikel stehen, die sie benötigt. An der Kasse sagt sie der Verkäuferin, dass in jenem Regal etwas nachgefüllt werden müsse.

Offen oder Reserviert

Die erste Unterscheidung, die man treffen kann ist, ob eine Person eher offen oder reserviert ist.

Offenheit wird durch folgendes Verhalten charakterisiert:

- Die Person wirkt entspannt, warmherzig
- Die Person wirkt interessiert an verschiedenen Meinungen
- Die Person ist an persönlicher Beziehung interessiert
- Die Person äußert oder zeigt ihre Gefühle offen und bereitwillig
- Die Person erscheint großzügiger im Umgang mit der Zeit
- Man würde die Person eher als „Bauch"-Mensch charakterisieren
- Die Person reagiert spontan

Reserviert ist eine Person dann, die man am gegenteiligen Ende der Dimension platzieren würde. Sie kann durch folgendes Verhalten beschrieben werden:

- Die Person wirkt formell und korrekt
- Die Person wirkt interessiert an konkreten Details und Fakten
- Die Person ist an der Sache interessiert, weniger an der Beziehung
- Gefühle sind bei der Person schwer auszumachen, kaum einzuordnen
- Die Person wirkt diszipliniert, planend und zeitlich organisiert
- Man würde die Person als einen „Kopf"-Mensch charakterisieren

Direkt oder Indirekt

Die zweite Unterscheidung, die man treffen kann ist, wie nachdrücklich eine Person im Umgang mit anderen auftritt.

Direkt als Charakterisierung trifft dann zu, wenn folgende Beschreibungen zutreffen:

- Die Person ist bereit, Risiken einzugehen
- Die Person ist entscheidungsfreudig- wählt schnell
- Die Person wirkt ausdrucksstark
- Die Person wird schnell ungeduldig
- Reden und erzählen sind dominante Merkmale der Person
- Die Person geht aus sich heraus
- Die Person äußert ihre Meinung gerne, und auch unaufgefordert

Indirekt ist auch hier wieder ein Verhalten, das sich auf der gegenteiligen Seite der Dimension ansiedeln lässt:

- Die Person meidet Risiken und zeigt ein sicherheitsorientiertes Verhalten
- Entscheidungen werden nur langsam gefunden
- Die Person wirkt nach außen kaum bestimmend
- Die Person wirkt gemächlich und geduldig
- Die Person wirkt im ersten Eindruck eher abwartend
- Die Person behält ihre Meinung eher für sich, man....
- ....muss sie auffordern, einbeziehen
- Die Person hört zu, beteiligt sich eher mit Fragen als mit Aussagen oder Standpunkten

Übung

Wenn Sie eine Person einschätzen wollen, dann können Sie schrittweise vorgehen, indem Sie zunächst die eine und dann die andere Dimension einschätzen. Als Ergebnis erhalten Sie dann eine Zuordnung zu einem der vier Quadranten. Die Abbildung auf Seite 41 zeigt, mit welchem Typ man es zu tun hat.

Auf den folgenden Seiten werden die vier verschiedenen Kundentypen nun im Detail vorgestellt. Sie können zunächst eine Selbsteinschätzung vornehmen und dann vergleichen, inwieweit die Beschreibungen auch auf Sie zutreffen.

Es gibt einige Personen, die nicht eindeutig in einen der vier Quadranten eingeordnet werden können. Man kann aber in der Regel zumindest eine der Dimensionen zuordnen. Das erleichtert den Umgang mit diesen Kunden, weil man zumindest weiß, dass man ggf. reserviert auftreten sollte, auch wenn man nicht entscheiden kann, ob die Person direkt oder indirekt ist.
Für den Fall, dass ein Kunde überhaupt nicht einzuordnen ist, gibt es keinen Handlungsbedarf und keine besonderen Tipps.

Die Typisierung soll helfen, mit besonders ausgeprägten Charakteren leichter umgehen zu können – weil diese nämlich unterschiedliche und konkret vorhersagbare Erwartungen an Ihr Verhalten haben.

3.2 Die vier Kundentypen erkennen

Der Beziehungstyp

Der Beziehungstyp ist erkennbar an offenem emotionalem Ausdruck und ausgeprägter Indirektheit.

- Er legt viel Wert auf Harmonie – Beziehungen sind ihm wichtig
  Deshalb ist es diesem Kunden besonders wichtig, dass die Beziehung zum Gesprächspartner stimmt, dass man nicht nur geschäftlich, sondern zuallererst persönlich miteinander kann. Dazu gehört dann auch eine lockere aber einfühlsam verbindliche Art des Umgangs miteinander.

- Er sucht Stabilität und meidet Risiken
  Stabilität zu erreichen setzt ein gewisses Vertrauen zum Gesprächspartner voraus. Dies muss also erst hergestellt werden. Ist das erst einmal geschehen, hält der Beziehungsorientierte an Bewährtem fest. Das liegt auch in seinem ausgeprägterem Bedürfnis nach Sicherheit.

- **Er meidet Konflikte und direkte Konfrontation**
  Um des Friedens willen macht er wortwörtlich gute Miene zum bösen Spiel, das aber nur einmal. In Zukunft wird er die Situation meiden. Er wird auch unangenehmen Erlebnissen noch etwas abgewinnen, es „nicht so schlimm“ finden.

- **Er wirkt liebenswert und schüchtern**
  Die Umgänglichkeit, das Bedürfnis nach harmonischen Beziehungen, die zuvorkommende Art und das freundliche Auftreten machen den Beziehungstypen zum angenehmen Kunden. Geduldig, verständnisvoll und pflegeleicht.

- **Veränderungen sind nicht seine Sache**
  Da Stabilität und Verlässlichkeit eher zum Beziehungstypen passen, können Sie davon ausgehen, dass Sie diesen Kunden über den Einsatz der Servicedimensionen, die Einfühlsamkeit demonstrieren und persönlichen Kontakt maximieren, vergleichsweise fest binden können.

Der Unterhalter

Der Unterhalter ist erkennbar an offenem emotionalem Ausdruck bei gleichzeitig sehr direktem Auftreten.

- **Er geht auf Menschen zu, ist an Kontakten interessiert**
  Der Unterhalter ist die Art von Kunde, zu dem man keinen Kontakt aufbauen muss, das erledigt er schon selber. Ein netter, flotter, manchmal auch gewagter Spruch und dabei ein freundliches Lächeln, so baut er schnell Kontakt auf.

- **Er begeistert gerne und will begeistert werden**
  Lange Erklärungen oder Konzentration auf umfangreiche Details sind nicht die Sache des Unterhalters. Da verliert er schnell die Geduld. Um ihn zu fesseln, muss man schon lebhaft und mitreißend sein. Dann kann man auch ihn anstecken oder gewinnen.

- Steht gerne im Mittelpunkt und sucht die Bühne
  Es fällt dem Unterhalter schwer, wenn er zuhören muss. Da steht er selber nicht mehr an der Stelle, an der er sich am wohlsten fühlt: in der Mitte. Deshalb wird der Unterhalter gerne zum Unterbrecher, steuert eine unglaubliche Erfahrung aus dem eigenen Leben bei, macht eine schlagfertige Bemerkung, lenkt ab. Das wirkt manchmal unaufmerksam, vielleicht auch störend, passiert ihm aber eher unbedacht.

- Handelt spontan, aus dem Impuls und sprudelt vor Ideen
  Da er impulsiv handelt, kann man sich beim Unterhalter sicher sein, dass seine Gefühle deutlich erkennbar sind. Überschwenglich findet man das vielleicht. Etwas übertrieben, vielleicht sogar arrogant. Die Spontaneität macht ihn unberechenbar. Was heute gilt, kann morgen bereits vergessen sein, wenn es eine eindrucksvolle Vorstellung der Gegenidee gab. Seine Entscheidungsfreude macht ihm Neuentscheidungen leicht.

- Redet gerne
  Um auf der Bühne zu bestehen, muss man unterhalten. Reden ist da ein wunderbares Instrument. Der Unterhalter beherrscht es, kann es aber nicht kontrollieren. Deshalb kann er als Kunde nicht zuhören, sondern scheint geradezu die Rolle zu tauschen. Das sollte man ihm einräumen, und sich davon nicht persönlich angegriffen fühlen.

Der Buchhalter

Der Buchhalter ist reserviert – scheint emotional unerschütterlich und tritt indirekt eher schweigsam beobachtend auf.

- Selbstbeherrscht und vorsichtig
  Sicherheit spielt für ihn eine große Rolle. Kundenorientierung – das heißt für ihn gleich Verkauf, und alles, was nach Verkauf riecht, bedeutet für ihn nur Manipulation. Freundliches Auftreten, persönliche Ansprache usw. machen ihn

eher misstrauisch und skeptisch. Das kostet letztlich doch nur sein Geld. Die sollen einfach nur die Arbeit machen.

- **Wirkt beherrscht und etwas steif**
  Der Buchhalter wirkt schon äußerlich eher konservativ. Er hat seine genauen Vorstellungen und wird davon nur abrücken, wenn er sachlich überzeugende Argumente erhält. Bei ihm wird man kaum jemals Begeisterung erleben. Das mag besonders enttäuschend sein, wenn man sich so richtig ins Zeug legt und erwartet, dass da doch jetzt etwas passieren müsste. Keine Chance. Beim Buchhalter spielen sich Emotionen im Kopf ab.

- **Analysen und Fakten statt Emotionen**
  Der Buchhalter braucht überzeugende Argumente und Fakten. Kurz, knapp, möglichst genau. Die werden geprüft und sind die Grundlage der Entscheidung. Der nette Gesprächspartner, die überzeugende Show, das sind Verzerrungen, von denen der Buchhalter sich nicht beeinflussen lässt.

- **Klarheit und Ordnung**
  Strukturiert, übersichtlich, ordentlich, nachvollziehbar, belegbar. Warum sollte man mehr sagen. Das ist es, was für den Buchhalter wichtig ist.

- **Braucht Zeit und Ruhe zur Entscheidung**
  Der Buchhalter mag sich nicht gerne drängen lassen. Entscheidungen brauchen Ruhe und die Distanz, um sicher zu sein nicht aus einer unüberlegten Laune heraus gehandelt zu haben. Das wird ihm manchmal zum Nachteil, weil andere schneller gehandelt haben und er seine Chance vertan hat.

Der Inspektor

Der Inspektor ist reserviert – wirkt emotional undurchschaubar tritt aber forsch und fordernd auf.

- **Wirkt stark, fordernd und bestimmend**
  Der Kunde vom Typ Inspektor wartet nicht. Er handelt. Er geht auf den Gesprächspartner zu, so wie er auch im Gespräch schnell auf das kommt, worauf es ihm ankommt. Deshalb wird es schwer fallen, das Gespräch mit dem Inspektor selber zu steuern. Das ist etwas, was der Inspektor kaum ertragen kann.

- **Selbstbewusst und konkurrenzorientiert**
  Das selbstbewusste Auftreten des Inspektors drückt sich schon in seiner geraden strengen Haltung aus. Er sagt und er fragt direkt und ohne Umschweife. Er will es genau wissen. Die entscheidenden Details interessieren ihn. Wer sich auskennt, der genießt seinen Respekt.

- **Ungeduld und in Eile**
  Kurze übersichtliche Darstellungen und Beschreibungen sind im Sinne des Inspektors. Er will das Wesentliche wissen, das zeigt sein forsches Auftreten, die Tatsache, dass er unterbricht, selbst aktiv wird, direkte Fragen stellt. Also fasst man sich am besten kurz, lässt ihn zu Wort kommen, redet nicht drumherum und am besten gar nicht zu Themen, in denen man sich nicht auskennt.

- **Entscheidungsfreudig und risikobereit**
  Da dieser Kundentyp Entscheidungen schnell fällt, muss man im Umgang mit ihm zur Tat schreiten, wenn man erkennt, dass er entschlossen ist. Übersieht man das oder stellt weitere Alternativen oder Optionen in Aussicht, dann fühlt sich dieser Kunde nicht nur unverstanden, sondern auch genervt. Bei überzeugenden Argumenten ist er bereit, Risiken einzugehen, etwas Ungewöhnliches und Neues auszuprobieren.

- **Fakten statt softem Gedudel**
  Der Inspektor wünscht Fakten. Er weiß, was er will und wartet nicht, bis man sie ihm bietet – er holt sie sich. Deshalb stellt er auch unbequeme Fragen, wirkt bohrend, manchmal angriffslustig. Er legt weniger Wert auf Harmonie, sondern auf überzeugende Leistung. Deshalb ist ihm jedes verkäuferische Geschmeichel ein Greuel.

3.3 Tipps für die Arbeit im Service

Wie Sie die Typen erkennen und worauf Sie unbedingt achten sollten, wenn Ihnen die Typen im Service begegnen, das finden Sie in der Charakterisierung auf der folgenden Doppelseite. Schauen Sie sich zunächst diese Typisierung an, danach können Sie folgende Übungen bearbeiten.

Übung

1. Auf Seite 41 bis 43 haben Sie vier verschiedene Kunden kennen gelernt. Nachdem Sie sich nun mit den vier Kundentypen vertraut machen konnten, können Sie versuchen sie einzuordnen.
2. Denken Sie einmal an einige vielleicht wichtige Kunden, mit denen Sie zu tun hatten. Überlegen Sie, welchem Kundentyp Sie sie zuordnen könnten und sammeln Sie charakteristische Details, die Ihnen helfen in Zukunft gezielter hinzusehen und hinzuhören, um Kunden schneller einzuschätzen.
3. Erinnern Sie sich an die Kunden, mit denen Sie die größten Schwierigkeiten hatten. Es ist oft der Fall, dass die Kunden, die es einem am schwersten machen, solche sind, die das entgegengesetzte Profil zur eigenen Person haben. Setzten Sie sich mit den Tipps zum Umgang mit diesem speziellen Kundentyp besonders auseinander.

Merkmale der vier Kundentypen

Beziehungstyp

Wie er auftritt...

- Kleidung eher bequem, unauffällig
- Freundliches Gesicht
- Entgegenkommendes Verhalten
- Äußerlich: Nicken und Zustimmen
- Abwartend
- Eher geringe Körperdistanz

Beachten Sie...

- dass Sie dieser Person mit Geduld und Aufmerksamkeit begegnen
- sich tendenziell langsamer verhalten und sprechen
- Entscheidungen anbieten, statt darauf zu warten
- ehrlich auf die Bedürfnisse eingehen, um Vertrauen aufzubauen
- tastende Kontaktaufnahme, lächeln, bewusst nett sein

Buchhalter

Wie er auftritt...

- Kleidung eher unmodern, oder klassisch unauffällig
- Ernstes Gesicht, geringer Blickkontakt
- Kaum Gesten und Bewegung
- Sachliche unmelodiöse Sprache
- Abwartend
- Eher große Körperdistanz

Beachten Sie...

- Aufmerksames aber formelles Auftreten
- Sachorientiert, sich dabei aber Zeit nehmen und genau hinhören
- Keine Sprüche, Lässigkeiten, anbiedern oder „Nähe herstellen"
- Pausen machen und gezielt nachfragen
- Ausreden lassen
- Wenig, aber immer wieder Blickkontakt

Unterhalter

Wie er auftritt...

- Kleidung eher modisch, auffällig
- Auffällige Accessoirs
- Raumgreifende Gesten, Bewegungen
- Liebt Publikum
- Zeigt Initiative
- Starker Blickkontakt
- Eher geringe Körperdistanz, Berührung

Beachten Sie...

- Seinen Geschichten zuhören
- Er mag Bestätigung und Lob
- Sie müssen ihn mitreißen
- Lässiges, lockeres Auftreten
- Seine Zustimmung und Entscheidung fällt spontan durch Begeisterung
- Viel Blickkontakt, persönlich und offen sein
- Spontan sein, schnell reagieren

Inspektor

Wie er auftritt...

- Kleidung eher streng, klassisch
- Dominante Erscheinung, präzise Bewegungen, gerade Haltung,
- Steuert und kontrolliert die Situation
- Prüfender, fast bohrender Blickkontakt
- Normale Körperdistanz mit testenden Übergriffen

Beachten Sie...

- Seien Sie sehr genau, schnell, aufmerksam im Verhalten und in der Sprache
- Keine Flapsigkeit, sondern pointierte Bemerkungen
- Überlassen Sie ihm die Entscheidung
- Überzeugen Sie mit Fakten
- Schauen Sie ihn selbstbewusst an
- Keine warme Freundlichkeit, sondern selbstbewusstes korrektes Auftreten

Auf den Punkt gebracht

- Es ist eine Binsenweisheit, dass Kunden sehr unterschiedlich sind. Eine undifferenzierte „Kunde-ist-König-Strategie“ bringt deshalb wenig Erfolg.
- Differenzierung braucht Kategorien. Man findet Typisierungen von Kunden im Marketing (dort im Rahmen der Zielgruppensegmentierung) und in der Psychologie. Aus beidem lassen sich Anleihen zur Beschreibung von „Kommunikationstypen“ gewinnen. Dabei darf man niemals vergessen, dass solche Typisierung nur ein Modell sein kann. Wenn sie sich in der Praxis bewähren, reicht das aber aus, damit sie hilfreich sind.
- Ein konkret hinsichtlich der Kommunikation mit Kunden bewährtes Modell unterscheidet die beiden Dimensionen

  „offen“ versus „reserviert“ und „direkt“ versus „indirekt“.

  Daraus gewinnt man vier Kombinationen, die sich mit griffigen Bezeichnungen versehen lassen:
  - Beziehungstypen sind offen und indirekt,
  - Unterhalter/innen sind offen und direkt,
  - Inspektor/inn/en sind reserviert und direkt,
  - Buchalter/innen sind reserviert und indirekt.

- Damit das Modell in der Praxis genutzt werden kann, muss man lernen seine Kunden richtig einzuordnen – dazu helfen Kriterien (Seite 52/53). Dies ohne zu vergessen, dass Kunden immer Individuen sind und es nur um eine Tendenz gehen kann, das persönliche Verhalten in die richtige Richtung zu lenken. Auf wen man in diesem Sinn wie reagieren kann, ist Gegenstand der folgenden Kapitel.

4 Umgang mit dem Kunden am Telefon

Optimieren Sie Ihr Telefonverhalten

4.1 Überblick

Die Bedeutung des Telefons variiert von Arbeitsplatz zu Arbeitsplatz, aber das Telefon spielt überall eine herausgehobene Rolle. In diesem Kapitel lernen Sie das Telefon-Kompetenz-Rad (TKR) mit seinen zehn Faktoren kennen, die Ihre Wirkung am Telefon bestimmen (s. S. 56/57). Sie können sich bezüglich jedes Faktors einschätzen oder einschätzen lassen und so Ihr persönliches Stärkenprofil erstellen. Das erlaubt Ihnen gezielt an den Punkten zu arbeiten, an denen Sie Schwächen erkennen, die Sie beseitigen möchten (ausführlicher dazu Haeske 1999). Seien Sie stolz auf die Aspekte, die Sie bereits umsetzen und geduldig hinsichtlich des Neuaufbaus der Kompetenzen.
Das TKR stellt den Versuch dar, die wesentlichen Kompetenzen, die ein professionelles Telefonverhalten ermöglichen, unabhängig vom Arbeitsplatz darzustellen. In der Praxis hat sich gezeigt, dass das Modell in unterschiedlichen Arbeitsfeldern eingesetzt werden kann, wenn man arbeitsfeldspezifische Inhalte unter dem Blickwinkel der zehn angesprochenen Faktoren mit berücksichtigt.

4.2 Die Faktoren des Telefon-Kompetenz-Rades

Faktor 1: Organisation des Arbeitsumfeldes
„Ordnung ist das halbe Leben“ sagt der Volksmund. Sagen wir einfach: „Ordnung ist die halbe Servicekompetenz“. Ein gut organisiertes Arbeitsumfeld macht es möglich, schnell auf wichtige Daten zurückzugreifen, es erlaubt auch, benötigte Informationen und Papiere leicht einzusehen und so ohne große Umstände in den häufigsten Situationen reagieren zu können.

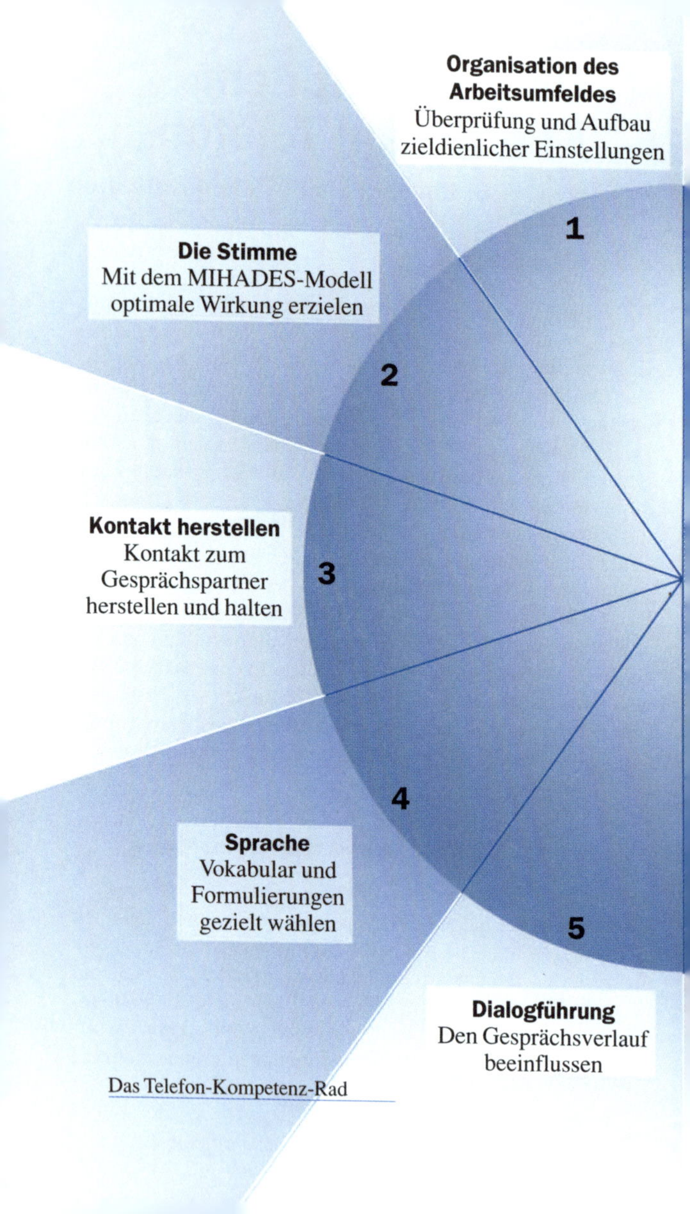

Das Telefon-Kompetenz-Rad

Einstellungskontrolle
Überprüfung und Aufbau zieldienlicher Einstellungen
10
Belastbarkeit
Techniken zum Umgang mit Stress
9
Servicekompetenz
Kennzeichen guter Kundenorientierung umsetzen
8
7
Beschwerde- und Konfliktkompetenz
Der Umgang mit schwierigen Gesprächspartnern
6
Mustersituationen identifizieren
Kenntnis der wichtigsten unterscheidbaren Situationen

Was genau an Ihrem Arbeitsplatz in Reich- und Sichtweite sein sollte, hängt vom Arbeitsplatz ab.

> Nutzen Sie die folgende Liste als Anregung, Ihren Arbeitsplatz einmal mit fremden Augen zu betrachten.

Schauen Sie auch bei Kollegen einmal genauer hin und lassen Sie sich inspirieren.

- Kalender. Er ermöglicht die Übersicht über Termine, Urlaubs- und Ferienzeiten, Feiertage, Vertretungen oder Abwesenheiten von Kollegen. Vielleicht lohnt sich sogar ein zusätzlicher Kalender für besondere Termine?
- Telefonliste: Eine Telefonliste des Hauses ist die Voraussetzung, um Telefonnummern weitergeben zu können.
- Telefonnotiz: Sie ermöglicht, Dinge festzuhalten, auf die man später reagieren will. Manch einer weiß aus Erfahrung: Im Laufe eines telefonatreichen Tages löscht sich so manche Erinnerung aus dem Gedächtnis, wenn sie nicht festgehalten wurde.
- Gesprächsunterlagen: Es bewährt sich, Unterlagen bereitzuhalten, die man für das Gespräch benötigt. Verkäufer halten auch eigene oder fremde Broschüren griffbereit oder klinken sich rechtzeitig ins Internet ein, wenn man absehen kann, dass dies erforderlich ist.
- Abwesenheit: Wenn man vorübergehend nicht anwesend ist, sollten Kollegen informiert und die Rufumschaltung aktiv sein, damit sie den anrufenden Kunden Auskunft geben können.
- Einsatz-, Lage- oder Projektpläne: Einsatz- und Projektpläne – die man erfahrungsgemäß ständig aktualisieren muss – helfen insbesondere Personen, die im Sekretariat oder in der Verwaltung Kundenkontakt haben, während Kollegen im Außendienst oder vor Ort aktiv sind.
- Kosten-/Gebührenübersichten: Aktuelle Kosten- und Gebührenübersichten sollte man insbesondere dann griffbereit haben, wenn man sie nicht ständig benötigt.

◆ Informationen über andere Unternehmen: Auch Broschüren anderer Unternehmen, deren Telefonnummern, Adressen, E-Mail-Adressen und Ansprechpartner sollte man kennen, wenn man im Kundenkontakt mehr als einmal danach gefragt wurde.

Faktor 2: Die Stimme

Die Wirkung der Stimme ist im Telefonat von zentraler Bedeutung. Weil alle optischen Merkmale zur Beurteilung der Person entfallen, wird die Stimme neben der Wortwahl entscheidend, wenn es darum geht, Sympathie, Kompetenz, Kundenorientierung oder die Motivation des Gesprächspartners einzuschätzen.
Wie stark die Stimme unsere Einschätzung eines fremden Menschen beeinflusst, kennen Sie sicher aus eigener Erfahrung: Ich spreche von dem Überraschungsmoment, wenn man einmal eine Person kennen lernt, die man zuvor nur am Telefon gesprochen hat. Offensichtlich besteht kein Zusammenhang zwischen der Vorstellung, die eine Stimme von einer Person vermittelt und der Attraktivität dieser Person. Nutzen Sie das Potenzial, das in Ihrer Stimme liegt.

Im MIHADES-Modell sind die Faktoren zusammengefasst, die die Wirkung der Stimme beeinflussen:
MI - mik:
Mit welchem Gesichtsausdruck wir sprechen
H - altung:
Welche Körperhaltung wir beim Sprechen einnehmen
A - tmung:
Wie man atmet
DE - nken:
Aus welcher inneren Haltung heraus man spricht
S - prechen:
Wie man moduliert, intoniert und artikuliert

Da alle Faktoren zusammenhängen, spielt es keine Rolle, wo man beginnt. Ein guter Trainer wird aber Tipps geben können, wo Sie die größten Lernfortschritte machen können. Ich stelle das Modell (nach Haeske 1999) kurz vor und gebe einige konkrete Tipps, was Sie beachten können.

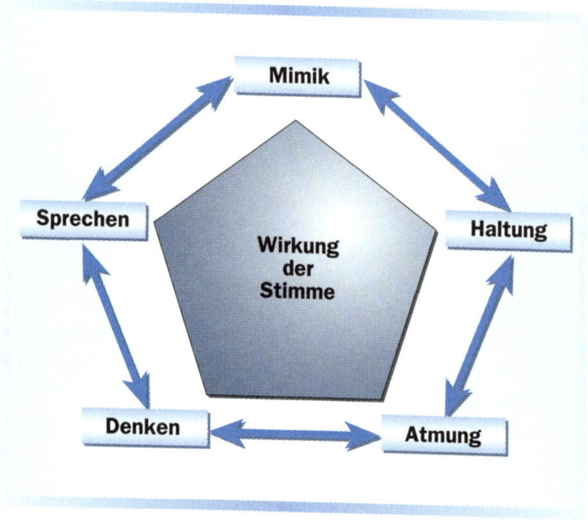

Das Mihades-Modell

Mimik

Der Gesichtsausdruck verändert den Klang der Stimme, und ein Lächeln kann man hören. Probieren Sie es aus und befragen Sie einen Freund oder Kollegen! Es erfordert eine kurze Eingewöhnungszeit, freundlich zu schauen, wenn man den Hörer abnimmt.

Haltung

Sie werden energiereicher wirken, wenn Sie aufrecht sitzen oder sogar stehen. Sie klingen entspannter – vielleicht zu lässig

– wenn Sie zurückgelehnt sitzen. Viele Menschen stehen in wichtigen Gesprächen automatisch auf, heben den Kopf leicht. Das ist eine ganz natürliche Reaktion, lässt auch die Stimme fester und selbstsicherer klingen, verschafft festen Bodenkontakt und lässt die zum Sprechen benötigte Luft freier fließen.

Atmung

Auch die Atmung verändert die Stimme. Eine ruhige und gleichmäßige Atmung ist ein Zeichen von Entspannung und macht sich in der Stimme bemerkbar. Besonders in stressigen Phasen kann man ganz gezielt auf eine ruhige Atmung achten. Im entspannten Zustand wird es Ihnen leichter fallen, die Tiefvollatmung zu praktizieren.Dabei atmen Sie bis in den Bauch, das Zwerchfell bewegt sich mit. Bei der Hochatmung, atmet man nur im oberen Brustbereich. Wenn man zusammengesunken auf seinem Stuhl sitzt, knickt man den Oberkörper so ab, dass die Tiefvollatmung gar nicht möglich ist. Die Stimme verändert sich unter Stress meist so, dass man automatisch zur Hochatmung neigt. Bei ausgeprägten Hochatmern klingt die Stimme dann verstärkt quengelig. Mit der Folge, dass die Gereiztheit des Gesprächspartners schnell steigt. Aus diesem Grund ist es wirkungsvoll, wenn man die Tiefvollatmung lernt.

Übung

Gähnen Sie bewusst, um einen Eindruck davon zu bekommen, wie die Tiefvollatmung körperlich zu spüren ist. Beim Gähnen atmen wir automatisch ganz gesund, tief und voll. Wenn Sie ein Gespür für die Unterschiede der Atemräume bekommen haben, dann üben Sie zunächst mit einem „mmmh, lecker“, bis das einen leicht vibrierenden tief körperlichen Klang hat. Sprechen Sie nicht bewusst tief! Der Klang soll auf Ihrem natürlichen Eigenton leicht erzeugt werden. Nur dann klingen Sie entspannt.

Denken

Was wir denken, beeinflusst uns, was wir fühlen, bewirkt wie wir uns verhalten und damit auch wie unsere Stimme klingt. Unsicherheit lässt die Stimme fragend klingen, Sicherheit lässt sie entschieden klingen. Unsicherheit geht mit „ehhh", „mmh" und Möglichkeitsformen in der Sprache einher. Sicherheit und Selbstbewusstsein wiederum machen eher Mut, schwierige Situationen anzugehen. Daraus wiederum lernt man und steigert so sein Selbstbewusstsein, was dazu führt, dass man insgesamt gelassener wirkt. Einstellungen, die das Telefonieren betreffen, werden unter Faktor 10 dargestellt.

Sprechen

Eine verständliche, gute Aussprache erleichtert das Zuhören und wirkt auf den Gesprächspartner engagiert und kompetent. Nachlässiges Sprechen wirkt also auch auf den Inhalt, über den man spricht nachteilig insofern, als der Inhalt bedeutungsloser, unwichtiger, beliebiger wirkt.

- Sprechen Sie Ihren Namen bewusst aus
- Vermeiden Sie es, Silben zu verschlucken
- Sprechen Sie Sätze so, dass sie bis zum Ende hörbar sind
- Sprechen Sie mit Stimmmodulation: Variationen in laut - leise, betont - unbetont, schnell - langsam lassen Ihre Stimme lebendig und motiviert wirken.

Faktor 3: Kontakt herstellen – Kontakt halten

Wenn Sie eine telefonische Verbindung haben, dann haben Sie Kontakt, der es ermöglicht, mit dem gewünschten Gesprächspartner zu sprechen. Das Problem ist damit aber nicht gelöst. Kontakt muss auf der kommunikativen Ebene entstehen. Man muss auch im übertragenen Sinne einen „Draht herstellen" können.

Kontakt bei der Meldung herstellen

Mit einer vollständigen Meldeformel schaffen Sie einen guten

Einstieg ins Gespräch. Ob Sie anrufen oder angerufen werden: Ihre Einflussmöglichkeiten steigen, wenn Ihnen der erste Eindruck glückt. Drei Bestandteile der Meldeformel haben sich bewährt, die Reihenfolge sollte so gestaltet werden, dass Sie natürlich klingen:

- Begrüßen Sie die Gesprächspartner
- Nennen Sie Ihren Namen
- Nennen Sie das Unternehmen und/oder den Bereich, in dem Sie arbeiten

Kontakt auf der Gesprächsebene

Zum wirklichen Dialog wird ein Gespräch, wenn z.B. folgende Aspekte beachtet werden:

- Eingehen
  Man geht inhaltlich auf den Gesprächspartner ein.
- Nachfragen
  Man fragt nach, um Interesse zu signalisieren.
- Die Person unabhängig von ihrer Meinung respektieren
  Man tut dies auch bei abweichenden Ansichten.
- Bedürfnisse respektieren
  Man achtet Desinteresse, Eile oder Ärger des Kunden.
- Passen Sie Ihre Sprechgeschwindigkeit an
  Dies ist insbesondere bei auffällig langsamen oder auffällig schnellen Sprechern wichtig. Wenn man einem langsamen Sprecher gegenüber zu schnell spricht, wirkt man hektisch. Wenn man einem Schnellsprecher gegenüber zu langsam spricht, dann wirkt man unmotiviert und inkompetent.

Faktor 4: Sprache

Sprache weckt Assoziationen und lösen Gefühle aus. Vergleichen Sie Wörter wie „Entsorgungspark" und „Müllhalde". Die Worte bezeichnen ähnliche Sachverhalte, lösen jedoch völlig unterschiedliche Reaktionen aus. Beachten Sie Folgendes:

Abkürzungen und fachspezifisches Vokabular

Die Reaktionen auf Abkürzungen und Fremdwörter reichen von „Abschalten" bis Wut. Was intern und unter Kollegen tadellos funktioniert, verkehrt seine Wirkung bei Fremden und wird dort schnell zum Kommunikationsproblem.

Satzlänge

Als Faustregel kann man sagen: Machen Sie häufiger einen Punkt. Kurze, knappe Sätze lassen Sie sicher und kompetent wirken. Probieren Sie es aus. Sie werden feststellen, dass Menschen, die umständlich formulieren oder die einen Satz verschachtelt konstruieren, unsicher und verworren klingen.

Füllwörter

Füllwörter sind „mmh", „eeh", „halt". Wenn Sie sicher wirken wollen, dann reduzieren Sie in schwierigen Gesprächssituationen die Zahl der Füllwörter. Der Trick, mit dem Sie das erreichen können ist, dass Sie bewusster und häufiger Pausen machen.

Möglichkeitsform

Hören Sie den Unterschied zwischen: „Da müßte ich mal nachfragen." und der inhaltlich gleichen Aussage „Da werde ich nachfragen." Letzteres klingt verbindlicher. Ein anderes Beispiel: „Da könnte ich mal nachsehen." und „ Da sehe ich nach." Stellen Sie sicher, dass Sie in den Bereichen, in denen Sie kompetent sind, auch sicher, entschieden und verbindlich klingen.

Ja, aber

Die meisten Menschen reagieren auf das „Ja, aber" allergisch. Das ist nur zu verständlich, denn eigentlich handelt es sich ja um ein „Nein", einen Widerspruch oder einen Einwand. Man signalisiert damit, dass man in den Widerspruch geht.

NICHT

Wenn Sie jetzt nicht an einen roten Ferrari denken sollen, wird Ihnen das schwer fallen. Das menschliche Gehirn scheint so zu funktionieren, dass es Negationen erst einmal abbilden muss. In Sätzen wie „Verstehen Sie mich nicht falsch“ wirkt das fatal.

Übung zur serviceorientierten Sprache

Sie lesen jetzt Beispielsätze, die man auch anders formulieren könnte, um eine bessere Wirkung beim Gesprächspartner zu erzielen. Versuchen Sie es: Benutzen Sie andere Formulierungen oder lassen Sie Wörter weg. Beachten Sie, dass der Sinn erhalten bleibt. Lösungsvorschläge finden Sie am Ende des Kapitels.

1. Sie können nicht erwarten, dass ich diese Angelegenheit sofort erledige.
2. Es ist natürlich nicht sicher, dass über Ihren Antrag positiv entschieden wird.
3. Die Sache hat den Nachteil, dass erst nachgefragt werden muss.
4. Sie können keine rasche Erledigung erwarten, wenn die Unterlagen nicht vollständig sind.
5. Wir haben heute keine Möglichkeit, den Auftrag noch zu erledigen.
6. Leider muss ich Ihnen sagen, dass der Kollege XY im Außendienst ist.
7. Das kann ich Ihnen aber erst in einer Woche sicher zusagen.
8. Er ist aber nur drei Monate gültig.
9. Die roten und grünen Modelle haben wir nicht mehr am Lager.
10. Wir bekommen das XYZ nicht vor Freitag wieder.
11. Sie brauchen keine langen Wege mehr zu gehen.
12. Sie müssen nichts zusätzlich bezahlen.
13. Verstehen Sie mich nicht falsch.

(Lösungen s. S. 78)

Faktor 5: Dialogführung

Dialogführung soll betonen, dass es darum geht, steuernd auf den Gesprächsverlauf Einfluss zu nehmen und zielgerichtet zu telefonieren, statt nur zu reagieren. Denn wenn der Gesprächspartner steuert, dann wird er auch seine Ziele durchsetzen. Sie können Ihre Kompetenz, in diesem Sinne aktiv statt reaktiv, erheblich steigern, wenn Sie einige Techniken der Gesprächsführung trainieren und bewusst einsetzen:

- 1. Dialogführung durch Fragetechnik
- 2. Auf Appelle und Gefühle reagieren
- 3. Verhandlungsgeschick

Dialogführung durch Fragetechnik

Zunächst ist es wichtig, sich die unterschiedliche Wirkung zwischen offenen Fragen, geschlossenen Fragen und Aussagen bewusst zu machen. Ich habe dazu einige Beispiele gesammelt und gegenübergestellt. Prüfen Sie zunächst selbst, wie Sie die Unterschiede erleben:

Geschlossene Fragen	**Offene Fragen**	**Aussagen**
1. Sind Sie an einem Gespräch interessiert?	2. Wie kann ich Sie zu einem Gespräch bewegen?	3. Ich schlage ein Gespräch vor.
4. Könnte ich mit Ihrem Vorgesetzten sprechen?	5. Wann kann ich Ihren Vorgesetzten erreichen?	6. Ich möchte gerne Ihren Vorgesetzten sprechen.
7. Ist Ihnen der Betrag von 50 Euro passend?	8. Welcher Betrag ist Ihnen passend?	9. Ein Betrag von 50 Euro ist da am passendsten.
10. Hatten Sie das mit der Kollegin xyz vereinbart?	11. Was genau hatten Sie mit welcher Kollegin vereinbart?	12. Ich sehe, Sie haben xyz mit der Kollegin vereinbart.
13. Sie möchten doch sicher eine Lösung haben?	14. Welche Lösung möchten Sie?	15. Stellen Sie bitte Ihren Lösungsvorschlag vor.

Offene Fragen (W-FRAGEN) bieten sich an, um offen und ungerichtet Informationen zu erhalten. Man lässt die Möglichkeit, dass der Gesprächspartner sehr frei antworten kann (8, 11, 14), seine Antwort also nicht suggestiv vorgegeben ist (wie bei 9, 12). Manchmal lenken sie das Gespräch geschickt in eine Richtung, die ein leichtes Ausweichen schwer machen (2, 5).

Geschlossene Fragen bieten sich an, um Antwortmöglichkeiten einzuschränken (7), oder suggestiv bestimmte Antworten zu „erleichtern" (13). Auch wenn man eine kurze Bestätigung haben möchte, ist dies hilfreich. Vorsicht ist geboten, wenn die Gefahr besteht, dass der Gesprächspartner Sie durch eine schnelle Antwort abwimmelt. (Beispiele: 1, 4).

Aussagen sind klare Anweisungen. Man wirkt sicher (12), bestimmt (9, 15), aber auch schnell etwas unfreundlich, wenn man statt zu fragen Aussagen verwendet (3, 6). Aber Aussagen führen Sie in einigen Situationen rascher zum Ziel. Man muss also abwägen, wo der größere Nutzen liegt. Junge Mitarbeiter mit dünner und/oder sehr freundlicher Stimme können durch den bewussten Einsatz von Aussagen entschlossener wirken.

> Der geschickte Wechsel zwischen Fragen, Gegenfragen, offenen und geschlossenen Fragen und Aussagen entscheidet darüber, wer das Gespräch lenkt.

Tipps zum Einsatz von Fragetechniken

◆ Stellen Sie häufiger Fragen
Sie können durch den bewussten Einsatz verschiedener Frageformen das Gespräch zu Ihrem Vorteil steuern. Beherzigen Sie den Satz: Wer fragt, der führt.

◆ Nicht zu viele geschlossene Fragen
Ein geschickter Gesprächspartner weicht leicht aus, wenn man geschlossene Fragen stellt. Mit offenen Fragen, wie „Wie genau meinen Sie..."; „Was heißt xyz für Sie...?"; „Wann genau haben Sie...?" zwingt man zu mehr Genauigkeit.

- ◆ Fragen Sie nach!

Fragen Sie nach, wenn Sie etwas nicht verstanden haben. Dies gilt während des Gesprächs bei Sachfragen, aber insbesondere auch bereits am Anfang des Gesprächs, falls Sie den Namen des Gesprächspartners nicht verstanden haben.

- ◆ Vorsicht mit Mehrfachfragen

Stellen Sie Fragen nacheinander. Wenn Sie mehrere Fragen auf einmal stellen, dann bekommen Sie möglicherweise nicht die Antwort auf die Frage, die Sie am meisten interessiert.

- ◆ Fragen wiederholen

Wiederholen Sie wichtige Fragen. Scheuen Sie sich nicht, eine Frage zu wiederholen, wenn Sie Ihre Antwort nicht erhalten haben oder die Person ausgewichen ist.

- ◆ Aktives Zuhören

Dabei wiederholen Sie nach einer passiven Schweigephase, in der der Gesprächspartner gesprochen hat, zusammenfassend, wie Sie das Gesagte verstanden oder gehört haben.

Auf Appelle und Gefühle reagieren

Gute Kommunikation findet dann statt, wenn man den Eindruck hat, der Gesprächspartner versteht einen. Da Menschen oft zwischen den Zeilen die entscheidende Botschaft senden, ist es wichtig, genau hinzuhören. Als Kinder haben wir das gelernt. Und möglicherweise haben sich dabei „Hörgewohnheiten" eingeschliffen, die dazu geführt haben, dass man zwar das ein oder andere „mitbekommt", anderes aber völlig überhört.
Das Kommunikationsmodell von Schultz von Thun (2001) ist mittlerweile ein Klassiker. Ich will deshalb auf der folgenden Magazinseite zusammenfassend Hörgewohnheiten und Reaktionen am Telefon einander gegenüberstellen.
Umgangssprachlich wird Kundenorientierung oft als „die Bedürfnisse des Kunden erkennen" gefasst. Nimmt man das wörtlich und betrachtet es vor dem Hintergrund des Beschriebenen, ist es besonders wichtig, nicht nur ein Ohr, sondern auch einen Blick und ein Gefühl für die Appellbotschaft und die Ich-

botschaft des Kunden auszubilden. Wenn man sich die Serviceregeln in Erinnerung ruft, dann sind Schnelligkeit, Engagement und Initiative Standardappelle und Ichbotschaften der Kunden. Wenn Sie die Worte „gerne“, „sofort“, „schnell“ bewusst einsetzen, dann reagieren Sie also optimal.

Verhandlungsgeschick

In jeder Art von Telefonaten ist Verhandlungsgeschick wichtig. In Beschwerdegesprächen und in Verkaufsgesprächen ist es besonders wichtig, mit Geschick und Diplomatie vorzugehen.

◆ Nein-Haltung
Unter Servicegesichtspunkten ist die Nein-Haltung völlig indiskutabel. Beispielhaft dafür ist: „Das geht nicht. Punkt.“ Aus diplomatischen Gründen ist es effektiver, grundsätzlich erst einmal zu schauen, was möglich ist.

◆ Zeitliche Unterbrechungen
Wenn man feststellt, dass ein Gespräch sich in eine Sackgasse bewegt, bewährt es sich früh Unterbrecher einzubauen. Dazu zählt so etwas wie: „Da werde ich kurz mit meiner Kollegin drüber sprechen“, „Einen Moment, ich sehe das mal direkt nach“. Die Unterbrechung schafft Leerlauf, um neu einzusteigen.

◆ Perspektivenübernahme
Manche Kundenreaktion wird verständlicher, wenn man die Perspektive des anderen einnimmt. Es geht darum, wirkliches Verständnis zeigen zu können, statt aus mangelndem Einfühlungsvermögen in (Gegen-)Vorwürfe zu verfallen.

◆ Vorsicht bei unklaren Appellen
Wenn man reagiert, ohne genau zu wissen, was der Gesprächspartner wollte, wirkt man unsensibel, selbst wenn dies in der besten Absicht geschah. Prüfen Sie deshalb: Was genau erwartet die Person von mir? Bleibt das unklar, dann fragen Sie nach. Fehlt die Antwort, fragen Sie auch ein weiteres Mal.

Sachbotschaft
Die Sachbotschaft entspricht der reinen inhaltlichen Aussage, also dem, was wortwörtlich mitgeteilt wird.

Appellbotschaft
Die Appellbotschaft entspricht dem, was der Sender von einem erwartet, was man tun soll.

Beziehungsbotschaft
Die Beziehungsbotschaft sagt etwas darüber aus, wie die Beziehung zueinander ist, und wie man vom Sender wohl eingeschätzt wird.

Ichbotschaft
Die Ichbotschaft sagt etwas darüber aus, mit welchem Gefühl, aus welcher Motivation heraus der Sender etwas sagt.

Problematisch	Erfolgreich
Nur wortwörtlich zuzuhören heißt die Stimmlage zu überhören, versteckte Botschaften und Aufforderungen zu überhören, solange sie nicht direkt geäußert werden. Wenn man es damit übertreibt, klingt man unsensibel und wenig einfühlsam.	**Bewusst nur auf das Wortwörtliche zu achten ist sinnvoll, wenn der Gesprächspartner provozieren will. Tipp:** Was genau meinen Sie mit...? Wie genau...? Wann...? Wer..?
Nur den Appell zu hören heißt ständig auf der Lauer zu liegen um zu erahnen, was der andere erwartet und was man für ihn tun sollte. Damit handelt man oft zu voreilig, tut Dinge, die noch gar nicht angesprochen wurden.	**Serviceorientiert sein bedeutet wach zu sein, was der Kunde wünscht und erwartet. Gegebenenfalls fragt man nach mit** Kann ich xyz für Sie tun? oder der allgemeinen Form Was kann ich für Sie tun...?
Nur die Beziehungsbotschaft zu hören heißt ständig auf der Lauer zu liegen, ob der andere einen angreift, sich über einen stellt, sich für besser hält,.... Damit macht man es sich unnötig schwer, weil nicht alles so gemeint ist, wie es gesagt wird.	**Vorsicht mit dem Beziehungsohr. Im Service bewährt es sich unempfindlich zu sein. Provokationen werden auf der Beziehungsebene gestartet. Wer das überhören kann, kontrolliert die Situation.**
Nur die Ichbotschaft zu hören bedeutet, dass man sich fortwährend Gedanken darüber macht, wie es dem anderen gerade geht, wie er sich fühlt. Das ist zwar zuvorkommend und freundlich, wird aber oft ausgenutzt.	**Wenn der Gesprächspartner erkennt, dass Sie sich in ihn hineinversetzen können, wird er sich verstanden fühlen. Besser als** Ich kann Ihre Situation verstehen... **ist:** Ich verstehe, dass Sie [Gefühl benennen] sind.

◆ Ausreden und Notlügen
Sie sind in manchen Situationen hilfreicher und diplomatischer als die Wahrheit. Dass der Chef einen Außentermin hat, klingt besser, als dass er nicht gestört werden will und wird für den Anrufer befriedigender sein. Dass das System abgestürzt ist oder gerade eine Besprechung ist, sind Standardausreden, die aber kaum nachprüfbar sind und hingenommen werden.

Faktor 6: Mustersituationen kennen

Der Italiener Vilfredo Pareto hat im 19. Jahrhundert festgestellt, dass 80% des Volksvermögens im Besitz von 20% der Bevölkerung waren. Die 80:20-Regel ist als Pareto-Prinzip bezeichnet worden, weil man feststellen konnte, dass diese Relation in vielen Bereichen gilt. In 20% des Gesprächs werden 80% der relevanten Informationen ausgetauscht. Das Pareto-Prinzip gilt auch für Gesprächssituationen am Arbeitsplatz. Wenn man die entscheidenden 20% unterschiedlicher Telefon-Situationen identifizieren kann, die musterhaft immer wieder auftreten, wird man 80% der auftretenden Gesprächssituationen sicher meistern können. Es erfordert nur zwei Schritte:

1. Sammeln, was die typischen Gesprächssituationen sind,
2. genau analysieren, wie die unterschiedlichen Gesprächssituationen verlaufen, und zwar unabhängig vom Inhalt.

Mitunter kann ein externer Moderator helfen hierbei schneller Ergebnisse zu erzielen, weil beide Schritte einen unverstellten Blick auf die Situation erfordern. Die Arbeit lohnt sich, da man auf diese Weise „Gesprächsdrehbücher“ erkennen kann, an denen man sein Verhalten entsprechend orientieren kann.

Faktor 7: Beschwerde- und Konfliktkompetenz

Im folgenden Kapitel wird der Umgang mit Beschwerdeführern ausführlich beschrieben. In diesem Abschnitt soll deshalb ein kurzer Überblick über Prinzipien gegeben werden, die allgemein zur Deeskalation von Konflikten eingesetzt werden können.

- Lassen Sie Ihren Gesprächspartner unbedingt aussprechen!
- Stellen Sie sicher, dass Sie den Gesprächspartner richtig verstanden haben!
- Überhören Sie Angriffe so lange wie möglich!
- Konzentrieren Sie sich auf die Lösungsfindung, nicht auf die Problemanalyse!
- Lassen Sie sich während des Telefonats von einer Frage leiten: „Was hilft uns weiter?"
- Achten Sie auf den Ton Ihrer Stimme!

Faktor 8: Servicekompetenz

Am Telefon zeigt sich natürlich auch, inwieweit die in Abschnitt 2.2 beschriebenen Serviceregeln umgesetzt werden. Hier sind einige Beispiele, an denen man das erkennen kann.

Service-dimensionen	Beispiele
Fachkompetenz	* Zu den wichtigen und häufig gestellten Fragen Auskunft geben können * Detailfragen beantworten können * Antworten auf seltene Fragen griffbereit haben
Schnelligkeit	* Rasche Reaktionszeiten * Nach dem dritten Klingeln abheben * Erreichbar sein
Persönlich reagieren	* Den Namen der Person einfließen lassen * Sich an Gesprächspartner erinnern * Persönliches berücksichtigen
Verbindlichkeit	* Konkrete Zusagen machen * Rückrufe anbieten * Anruf-/Rückruftermine einhalten * Bei Problemen mit Vereinbarungen Kontakt aufnehmen

Initiative	* Unterstützung (weiterverbinden, etwas nachsehen, etwas zusenden,...) anbieten statt auf die Einforderung zu warten * Fragen, wie man helfen kann * Fragen, bis wann der Gesprächspartner etwas benötigt
Details beachten	Unter anderem: * Stimmung des Gesprächspartners erkennen * Besondere Kleinigkeiten erinnern * Einen schwierigen Namen korrekt aussprechen * Ein persönliches Detail des vorangegangenen Gesprächs aufgreifen
Ehrlichkeit	* Fehler, die unübersehbar sind, einräumen * Zugeben statt Drumherumreden * Eigene Grenzen offen ansprechen
Freundlichkeit	* Das Lächeln in der Stimme * Die motivierte Begrüßung * Den anderen zum Lachen bringen * Sich interessiert zeigen
Geduld	* Ausreden lassen * Anliegen und Fragen vorbringen lassen, auch wenn man schon weiß, worum es geht
Diskretion	* Vertraulichkeit deutlich zusichern * Kontrolle wichtiger Daten, bevor man in die Details geht * Ein ruhiger Hintergrund – vor allem kein Lachen
Flexibilität	* Rückrufe anbieten * Fragen, ob der Anruf passt oder ein anderer Termin besser wäre
Engagement/ Hilfsbereitschaft	* Selber nachsehen, statt zu sagen „das müssten Sie doch haben." * Statt „geht nicht!" das Bemühen zeigen, eine Lösung zu finden, selbst wenn es nicht geht.

Faktor 9: Belastbarkeit

Wenn das Telefon zum zentralen Werkzeug des Arbeitsplatzes wird, wie es in Call-Centern beispielsweise der Fall ist, dann ist auch die Belastung hoch, die von ständigem Klingeln, kurz getakteten Gesprächszeiten, ständiger Umstellung auf neue Gesprächspartner ausgeht. Unter solchen Bedingungen ständig konzentriert zu sein, gleichbleibend interessiert zu wirken und freundlich zu reagieren, stellt eine objektiv belastende Stresssituation dar. Wem es gelingt, mit den unveränderlichen Belastungen besser umzugehen, der wird sich persönlich besser fühlen, kompetentere Telefonate führen und in der Rückwirkung auch wieder weniger Stress erleben.

Die Wirkungen von Stress

Stressoren bewirken im Körper Stressreaktionen. Man kann drei Bereiche unterscheiden, in denen diese Stressreaktionen auftreten. Hinweise darauf, dass die eigene Belastungsgrenze überschritten ist, und Stressoren körperliche Folgen haben könnten, liefern typische Symptome, wenn sie über eine längere Zeit zu beobachten sind:

Körperreaktionen und Gefühle	Verhalten	Gedanken
* Erhöhter Blutdruck * Verdauungsprobleme * Immunschwäche (starke Anfälligkeit für Infekte) * Plötzliche allergische Reaktionen * Leichte Reizbarkeit * Niedergeschlagenheit * Ängstlichkeit	* Verkrampftes Arbeiten * Hektik * Gereizte Kommentare * Neigung auf Pausen zu verzichten * Fehlende Übersicht * Essen während der Arbeit oder Appetitverlust * Stress-Rauchen	* „Wieso immer ich?" * „Keiner hilft." * „Das ist nicht zu schaffen." * „Ich bin zu dumm dafür." * „schneller machen."

Entsprechend der unterschiedlichen Bereiche, in denen Stressymptome auftreten, kann man auch mit dem eigenen Stressmanagement ansetzen. Bedenken Sie, dass dies nicht mit dem Ziel verfolgt werden sollte, die Belastbarkeit zu steigern, um anschließend auf der nächsten Ebene noch größere Probleme zu bekommen.

Methoden des Stressmanagements beginnen bei kleinen Gewohnheiten:

- Bewusstes Abschalten bei Verlassen des Arbeitsplatzes
- Kleidung wechseln, wenn man von der Arbeit nach Hause gekommen ist
- Rituale, um erst einmal zu Hause anzukommen
- Am Arbeitsplatz eine persönliche, angenehme Arbeitsatmosphäre einrichten
- Pausen zum Abschalten nutzen
- Essen nicht am Arbeitsplatz und bewusst genießen
- Bewegung zwischendurch und in den Pausen

Berufliche und private Ressourcen kombinieren

Beruf und Privatleben stehen in Wechselwirkung miteinander. Wenn man im Privatleben nur auftanken muss, um die Arbeitsbelastung abzufedern, führt dies mittelfristig dazu, dass Familie oder Partner unzufrieden werden. Wenn man andererseits im Privatleben Ärger und Probleme hat, dann wird man vielleicht gereizter oder unkonzentrierter bei der Arbeit sein und dort Probleme bekommen. Aus diesem Grund ist eine zweigleisige Strategie erforderlich.

Arbeitsorganisation

Ein Teil der Belastungen am Arbeitsplatz ist manchmal auf eine schlechte Arbeitsorganisation zurückzuführen. Insbesondere die Fähigkeit, Prioritäten zu setzen, fällt einigen schwer. Wer nicht konsequent zwischen dringlichen und wichtigen Aufgaben unterscheidet, neigt leicht dazu, Dinge zu erledigen, die Spaß machen. Leider sind das oft Aufgaben von geringer Wichtigkeit und geringer Dringlichkeit, die unnötig sind.

Faktor 10: Einstellungskontrolle

Einstellungen beeinflussen unser Verhalten. Ich will hier einige Einstellungen vorstellen, die sich auf die Arbeit mit dem Telefon im Servicebereich beziehen. Realismus bezüglich der eigenen Einstellung bedeutet, die Dinge so zu sehen, wie sie sind, sie zu verändern, wo dies möglich ist und zu akzeptieren, was nicht veränderbar ist. Einstellungen sind dann hilfreich, wenn sie Ihnen helfen, Ihre Arbeit kompetent zu erledigen, mit den meisten Kunden gut zurecht zu kommen und wenn Sie nach Feierabend nicht noch eine Sonderschicht „Was war das heute eigentlich für ein blöder Arbeitstag“ einlegen müssen. Vielleicht bieten die folgenden Gedanken dazu Anregungen.

◆ Telefonzeiten sind Teil der Arbeit

Telefonzeiten sind kein vermeidbarer, sondern fester Teil der Arbeit. Rechnen Sie einmal aus, wie viel Arbeitszeit pro Tag realistischerweise auf das Telefonieren entfällt. Man könnte beginnen, diese Zeit zu einer guten Zeit machen.

◆ Das Telefon ist der Draht zum Kunden

Vergessen Sie bei allem Ärger über das Telefon nicht, dass es den Draht zur Außenwelt verschafft, Kontakt zu anderen Menschen, Zugang zu wichtigen, überraschenden Informationen.

◆ Gut gelaunte Anrufer vermitteln gute Laune

Bringen Sie andere zum Lachen, denken Sie öfter an die netten Telefonate als an die ärgerlichen, flirten Sie, wenn es das Gespräch netter macht und erleben Sie, wie Ihre Kompetenzen sich verbessern.

◆ Kunden müssen nicht freundlich sein

Manch einer ärgert sich über das Verhalten der Kunden. Wären doch die Kunden freundlicher, dann wäre alles leichter. Kunden kann man aber nicht ändern, sein Verhalten hingegen wohl. Dazu muss man das Ziel haben, selbst zu bestimmen, wie man sich fühlt.

◆ Kunden müssen Ihnen nicht dankbar sein
Service ist aus Sicht des Kunden „einkalkuliert". Wenn der Kunde das Gefühl gewinnt, dankbar sein zu müssen, dann wird er andere Geschäftspartner suchen. Praktizieren Sie Service aus eigenem Interesse, um Kontrolle im Gespräch und über die eigenen Stimmungen zu gewinnen.

◆ Manchmal ist die Belastung außerordentlich
Wenn Belastungen manchmal außerordentlich sind, befinden Sie sich in großer Gesellschaft. Sie können unbesorgt sein. Das ist normal. Wenn Sie nur gerne darüber sprechen, haben Sie vielleicht noch kein spannenderes Thema gefunden.

◆ Optimismus schafft eine bessere Laune
Optimismus statt Pessimismus und Misstrauen schafft die bessere Voraussetzung für eigenen Ausgleich. Sie entscheiden selber, worauf Sie Ihre Aufmerksamkeit richten. Gehen Sie so damit um, dass Sie sich selbst einen Gefallen tun.

Lösungsvorschläge für die Übung(S.65) zur serviceorientierten Sprache

1. Ich werde diese Angelegenheit sofort erledigen, sobald die Unterlagen vorliegen.
2. [Sagen Sie gar nichts]
3. Ich werde nachfragen und dann wissen wir genau Bescheid.
4. Sobald die Unterlagen vollständig sind, kann das rasch erledigt werden.
5. Der Auftrag wird morgen sofort als erstes erledigt.
6. Der Kollege XY ist im Außendienst. Was darf ich ihm ausrichten?
7. Das kann ich Ihnen schon in einer Woche sicher zusagen.
8. Er ist ganze drei Monate gültig.
9. Die gelben und blauen Modelle haben wir am Lager.
10. Wir bekommen das XYZ schon am Freitag wieder.
11. Die Wege haben sich deutlich zu Ihren Gunsten verkürzt.
12. Es ist alles im Preis enthalten.
13. Verstehen Sie mich richtig.

5 Kundengespräche im Verkauf

Gesprächsphasen richtig steuern

Serviceorientiert zu kommunizieren ist im Kundenkontakt wichtig, aber oft nicht ausreichend. Für einige Leser wird es sicher auch darum gehen, im Kontakt mit dem Kunden Dienstleistungen oder Produkte zu verkaufen. Dazu muss man wissen und umsetzen, was im Verkaufsgespräch zum Erfolg führt.
In diesem Abschnitt stelle ich Ihnen einige Tipps vor, auf die Sie achten sollten. Folgendes Schema verdeutlicht, wie der typische Ablauf eines Verkaufsgesprächs gestaltet werden kann.

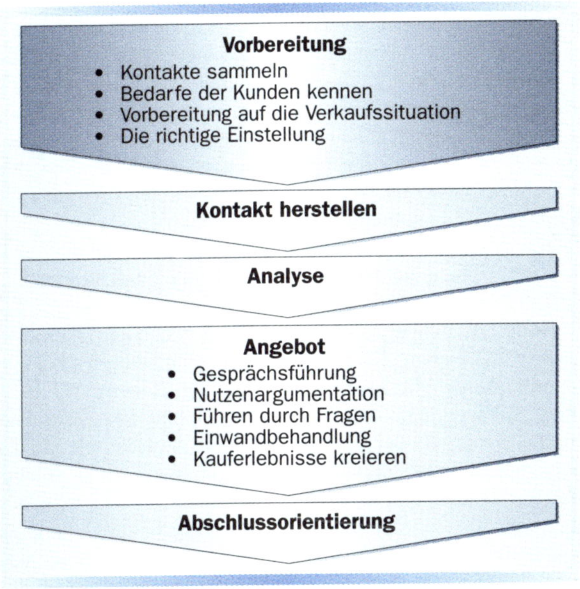

Die Phasen des Verkaufsgesprächs

5.1 Vorbereitung

An erster Stelle steht die Fleißarbeit: die Vorbereitung auf den direkten Kontakt mit dem Kunden. Dazu könnte man natürlich bereits das Einüben der Techniken rechnen, die im Laufe des Abschnitts vorgestellt werden. Das versteht sich aber von selbst. Bevor man jedoch loslegt, den Hörer in die Hand nimmt, und neue oder bestehende Kunden anruft oder besucht, sollte man sich einige Gedanken machen, um die Erfolgswahrscheinlichkeit des Verkaufsgesprächs erhöhen. Das erspart möglicherweise eine Menge vermeidbarer Frustrationen. Beginnen wir bei der Auswahl der Kontakte.

Kontakte sammeln

Grundsätzlich muss man erst den Kontakt zu potenziellen Kunden herstellen, wozu man Adressen sammelt. Dieses Thema erübrigt sich natürlich für die Personen, die vom Kunden aufgesucht werden. Wer aber selber initiativ werden muss, der kann sich mit den nötigen Kontaktadressen versorgen. Adressen sind das eine, die Qualität der Adressen ist das andere. So ist es erfahrungsgemäß leichter und vor allem Erfolg versprechender, wenn es einen Anknüpfungspunkt für den Erstkontakt gibt. Nutzen Sie zufriedene Kunden, Bekannte, Kollegen oder Geschäftspartner, um einen Kontakt anzubahnen, oder fragen Sie sie um Erlaubnis, sich auf sie beziehen zu können.
Kontinuierlich Adressen potenzieller Kunden zu sammeln, sollte für Personen, die beruflich darauf angewiesen sind, zur Routine werden. Im Laufe der Zeit entwickelt man ein Gespür dafür, wenn man im Gespräch hinhört, Zeitung liest, Broschüren durchblättert. Auch hier handelt man ökonomisch, indem man unterscheidet, welche Adressen viel versprechend sind und auf welche man vielleicht gleich verzichtet. Es ist kaum möglich, allgemein zu sagen, was relevante Kriterien für eine solide Vorauswahl sind. Aber prüfen Sie, ob sich der Kontakt wirklich lohnt, ob der Kunde Erfolg versprechend ist, ob Sie und Ihr potenzieller Kunde wirklich zueinander passen.

Bedarf der Kunden kennen

Bevor man den direkten Kontakt zum Kunden aufnimmt, kann man sich bei Unternehmenskunden über die Branche, die Marktlage, Wettbewerber, Zahl der Mitarbeiter, die Produkte oder Dienstleistungen des Kunden und vieles mehr bereits im Vorfeld informieren. Das Internet, Wirtschaftszeitungen und Magazine oder Broschüren der Unternehmen bieten diese Informationen. Wenn man solche Informationen geschickt einsetzt, erhöht man im Gespräch seine Aussichten, thematische Anknüpfungspunkte zu finden und als kompetenter Gesprächspartner wahrgenommen zu werden. Und wer mag nicht lieber mit einem Partner ins Geschäft kommen, der „Stallgeruch" hat, also den Eindruck vermittelt, sich in der Branche auszukennen?

Da diese Vorbereitung Zeit kostet, scheuen viele den Aufwand, und kontaktieren lieber ein paar Adressen mehr, in der Hoffnung, über die Masse die Erfolgswahrscheinlichkeit zu erhöhen. Überschaubarer wird diese Vorbereitungsarbeit, wenn man

- seine potenziellen Kontakte bereits vorsortiert hat, dann bleibt diese Vorarbeit überschaubar,
- Kontakte zu potenziellen Kunden aus der gleichen Branche zusammenfasst und en bloc abarbeitet,
- realisierte Gesprächskontakte dazu nutzt, selber etwas über die Branche, aktuelle Trends, drängende Fragen oder Probleme zu erfahren.

Sie werden überrascht sein, wie viele Kunden auskunftsbereit sind, wenn man konkrete Fragen stellt. So wird ein Kontakt zu einem Gewinn, selbst wenn nicht sofort ein Geschäft dabei herausspringt.

Hier wurde zwar von Unternehmenskunden gesprochen, aber auch, wenn Sie es auf private Kunden oder auf Einzelpersonen beziehen, gilt das Gesagte: Je mehr Sie über die potenziellen Bedürfnisse Ihrer Gesprächspartner wissen, desto leichter können Sie das Verkaufsgespräch dem Kunden individuell anpassen.

Vorbereitung auf die Verkaufssituation

Zur Vorbereitung auf die Verkaufssituation gehört natürlich auch, dass Sie die Unterlagen und Materialien, die Sie im Gespräch benötigen, zugriffsbereit halten. Im direkten Kontakt spielt die äußere Erscheinung solcher Unterlagen genauso eine Rolle wie Ihre eigene Erscheinung.
Die Uhrzeit, zu der Sie Termine vereinbaren oder Telefonanrufe tätigen, spielt eine weitere Rolle. In der Zeit von 9.00 Uhr bis 11.00 Uhr beispielsweise werden die meisten geschäftlichen Telefonate abgewickelt. Viele Personen erreicht man besser außerhalb solcher „Hauptverkehrszeiten" und kann dann auch eher auf ein offenes Ohr spekulieren.
Einwände sind etwas, mit dem man im Verkaufsgespräch immer rechnen muss. Zur Vorbereitung gehört also auch, dass man auf Einwände, die oft genannt werden, parieren kann. Muss man erst im direkten Kontakt überlegen und die passende Reaktion finden, hat man keine Kapazitäten mehr, das Gespräch zu steuern. Es ist eher ein Ausdruck der eigenen Unprofessionalität als der eigenen Flexibilität, wenn man hier keine Vorarbeit leistet. Das verhält sich genauso mit allen Fragen, bei denen es um das Geld geht. Preise oder Honorare oder potenzielle Rabatte sollte man vorab innerlich geklärt haben. Ein „Hmm ja, das liegt so in etwa bei..." muss der Gesprächspartner als Unsicherheit und Einladung zum Herunterhandeln verstehen.

Einstellungskontrolle

Die Einstellung, mit der man sich in das Verkaufsgespräch begibt, ist der vielleicht wichtigste Punkt der eigenen Vorbereitung. Ich unterscheide drei Arten von Einstellungen, hinsichtlich derer Sie sich selbst prüfen können.

1. Einstellungen zur eigenen Rolle als Verkäufer

Nur wenn es Ihnen gelingt, sich selbst in der Rolle als Verkäufer wohl zu fühlen, werden Sie die notwendige Überzeugungskraft und Selbstsicherheit im Auftreten zeigen können, um einen potenziellen Kunden zum echten Kunden machen zu können. Menschen spüren, ob jemand hinter einem Produkt steht, ob er sich in seiner Rolle wohl fühlt, und ob er Selbstvertrauen besitzt. Mit solchen Menschen mag man gerne Geschäfte machen. Wenn Sie nicht im Brustton vollster Überzeugung sagen können, dass Sie gerne verkaufen, sollten Sie erwägen, in ein persönliches Coaching zu investieren, um die Frage zu klären, was Sie bislang davon abhält und was Sie in Zukunft ändern können.

2. Einstellungen zur Verkaufssituation

Für viele Personen – und vielleicht gehören Sie auch dazu – gehört es zu den unbeliebten Aufgaben, Kunden aufzusuchen, sie anzurufen, das eigene Produkt/Dienstleistung vorzustellen, „sich anzubiedern" und „um einen Auftrag zu betteln". Wenn man das Verkaufsgespräch so oder vergleichbar sieht, dann ist es leicht zu erklären, dass man gerne andere Arbeiten vorzieht, dass man ohne ansteckendes Engagement ins Gespräch einsteigt und dass man kaum alle möglichen Energien mobilisieren wird, um den Gesprächspartner zu überzeugen. Diese Haltung erklärt auch, dass man zwischendurch mal wieder einige voll gepackte Akquisetage einlegt, um dann „in einem Rutsch" eine große Zahl von Verkaufsgesprächen unterzubringen, um „es hinter sich zu bringen". Die unvermeidlichen erfolglosen Versuche, die einfach dazu gehören und die sich unter solchen Bedingungen natürlich häufen, bestätigen dann nur die vorher gefasste Meinung, dass Verkaufen ein hartes Geschäft ist. Was kann man daraus lernen? Sobald man Interesse, vielleicht sogar Spass daran entdeckt, neuen Kunden sein Produkt/Dienstleistung als Problemlösung anzubieten, wird auch das eigene Verhalten und die Erfolgswahrscheinlichkeit sich ändern. Wenn man realistisch anerkennt, dass nicht jedes Verkaufsgespräch zum Erfolg führt, sondern dass immer eine bestimmte Zahl von Gesprächen zum Erfolg führen wird, bildet man eine neue Sicht aus: Man sieht nämlich nicht mehr das einzelne erfolgreiche oder weniger erfolgreiche Gespräch, sondern das Zusammenspiel von guter Vorauswahl, Masse und Erfolg.

3. Einstellungen gegenüber dem Kunden

Es gibt unterschiedliche Personen, mit denen man im Verkaufsgespräch Kontakt aufnimmt. Kunde ist eben nicht gleich Kunde. Es ist unwahrscheinlich, dass Sie jeder Art von Kunde gleichermaßen gegenübertreten wollen. In der folgenden Tabelle habe ich verschiedene Bedingungen kombiniert. Prüfen Sie, welche Einstellungen Sie den zwölf Typen gegenüber haben.

	Kunden, die wissen, dass sie das Produkt benötigen	Kunden, die nicht wissen, dass sie das Produkt benötigen	Kunden, die das Produkt nicht benötigen
Kunden, die das Produkt wollen	1	2	3
Kunden, die das Produkt (noch) nicht wollen	4	5	6
Kunden, die sich das Produkt leisten können	7	8	9
Kunden, die sich das Produkt (noch) nicht leisten können	10	11	12

Strategien für unterschiedliche Kundenkontakte

Man sollte sich Gedanken darüber machen, wie man mit jedem dieser potenziellen Kundentypen verfahren möchte. Denn eins wird wohl deutlich: Jede dieser Gruppen hat andere Erwartungen und wird sich anders verhalten. Das erfordert Flexibilität und innere Klarheit, was man als Verkäufer will. Strategien für die unterschiedlichen Personen abrufbereit zu haben, erleichtert die Gesprächsführung, verhindert Misserfolgserlebnisse und hilft schnell zu erkennen, wo man noch an seiner Gesprächsführung feilen muss. Man lernt auf diese Weise, dass man auf ein Nein des Kunden unterschiedlich reagieren kann, dass Einwände des Kunden Ausdruck einer bestimmten Haltung sind, dass manche Kunden mehr oder überzeugendere Argumente benötigen und manche Verkaufsversuche ohne Erfolg bleiben müssen.

5.2 Kontakt herstellen

Am Anfang des Verkaufsgesprächs steht die Aufgabe, Kontakt herzustellen. Kontakt und Vertrauen bedingen sich gegenseitig. Das bedeutet, dass Vertrauen einerseits den Kontakt zum Gesprächspartner erhöht, andererseits besserer Kontakt zu höherem Vertrauen führt. Beides ist die Voraussetzung für den Verkaufsabschluss.

Was beeinflusst das Vertrauen? Glaubwürdig erscheinen, sympathisch wirken, Kompetenz ausstrahlen, das Eigeninteresse nicht verheimlichen und auch nicht durchdrücken sind sicher Aspekte, die Vertrauen ausmachen.

Kontakt stellt man her, wenn man auf den Gesprächsparter eingeht, ihn einbezieht, ihn respektiert.

Vertrauen und Kontaktstärke kann man konkret beobachten. Achten Sie deshalb in Ihrem Verhalten auf Folgendes:

- Hören Sie dem Kunden aufmerksam und interessiert zu
- Schauen Sie den Kunden im direkten Gespräch freundlich an
- Stellen Sie Fragen, um den Kunden einzubeziehen
- Vermeiden Sie selbstdarstellerische Dialoge
- Lassen Sie im Gespräch Dinge einfließen, die zeigen, dass Sie den Kunden und seine Welt verstehen
- Halten Sie Erklärungen knapp
- Widersprechen Sie in Meinungsfragen nicht, sondern erkennen Sie an, dass es unterschiedliche Meinungen gibt
- Bemühen Sie sich die Welt aus der Haltung des Klienten zu verstehen
- Nehmen Sie den vorangegangenen Punkt durchaus wörtlich

Kontakt herzustellen ist zu Beginn des Gesprächs absolut notwendig, es bleibt aber auch im weiteren Verlauf des Gesprächs wichtig, wenn es darum geht, Kundenbedürfnisse zu erheben, die Angebotsphase zu gestalten und den Abschluss einzuleiten.
Die Kontaktphase lässt sich auch hervorragend nutzen, den Kundentyp einzuschätzen, um später im Gespräch entprechend reagieren zu können.
Und schließlich ist die Kontaktphase zu Beginn des Gesprächs der prägende Moment, in dem der Kunde einen Eindruck vom Selbstvertrauen, Optimismus und der Motivation des Verkäufers gewinnt. Getreu dem Spruch: Der erste Eindruck prägt. Lesen Sie auf Seite 63, was Sie in der Kontaktphase am Telefon besonders beachten können.

5.3 Analyse

Ist der Kontakt zum Kunden erst einmal hergestellt, dann gehen viele Verkäufer sofort in die Angebotsphase über, sie stellen also die infrage kommenden Produkte oder die Dienstleistung vor. Das ist riskant. Einerseits ist zu diesem Zeitpunkt meist noch nicht klar, was der Kunde genau will und worauf er besonderen Wert legt. Andererseits werden Kunden von unterschiedlichen Motiven angetrieben. Auch die Art, wie sie ihre Kaufentscheidung treffen, kann unterschiedlich sein.
Einige Variablen also, die vor der Präsentation des Produktes erfasst werden sollten. Es gilt also zunächst, das Profil des Kunden möglichst genau zu erkennen. Tut man dies nicht, bleibt der Erfolg der Kundenansprache in der Angebotsphase vom Zufall abhängig. Verkäufer werden Produkte intuitiv genau so präsentieren, wie sie sie selber als Kunden gerne präsentiert bekämen. Das kann in einigen Fällen genau passend sein, wird aber nur einen begrenzten Ausschnitt der Kunden ansprechen.
Widmen wir uns zunächst den unterschiedlichen Motiven, die Kunden antreiben, ein Produkt oder eine Dienstleistung zu erwerben.

Fragetechniken zur Bedarfsermittlung

In dieser Phase wird der Einsatz der Fragetechniken (siehe Abschnitt Dialogführung in Kapitel 4) unverzichtbar sein, um einen möglichst genauen Eindruck zu bekommen, welches Produkt für den Kunden infrage kommt und welche Details ihn besonders interessieren. Man sollte einen Eindruck gewinnen, wie der Kunde das Produkt oder die Dienstleistung anwendet. So kann man eine Idee entwickeln, welche Austattungsmerkmale oder Neuheiten besonders gut für ihn geeignet sind.

Kundenmotive erkennen

Menschen kaufen ein und dasselbe Produkt oder Dienstleistung aus unterschiedlichen Gründen. So kauft der eine einen bestimmten Rasenmäher, weil er mit dem Vorgängermodell zufrieden war. Der andere kauft das Modell, weil es ein ungewöhnliches Design hat und der Dritte kauft es, weil es sich um ein Markenprodukt handelt, für das er gerne mehr bezahlt. Hinter diesen Kaufentscheidungen liegen offensichtlich unterschiedliche Beweggründe. Weiß der Verkäufer, welche Art von Beweggründen dies sind und woran er sie erkennt, dann kann er unterschiedliche Kunden flexibel ansprechen.
Häusel (2000; 2002) beschreibt ein sehr anschauliches Modell, in dem er erklärt, was die Antriebskräfte unseres Verhaltens sind und wie wir Entscheidungen treffen. Er vertritt die These, dass unsere Entscheidungen im Wesentlichen emotional getroffen werden. Dabei treten drei Kräfte in Aktion, die bei allen Menschen vorhanden sind, die aber unterschiedlich stark ausgeprägt sind. Das macht die persönlichen Unterschiede aus.

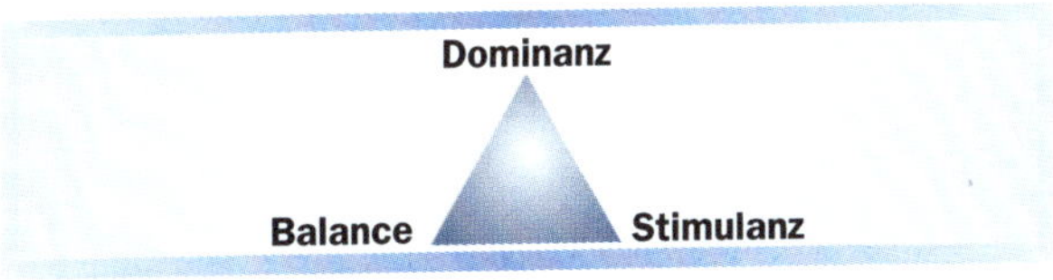

Grundmotive des Menschen nach Häusel (2000)

- Dominanz: Dominanz ist die Kraft, die uns aktiviert, die auf Machterwerb und territoriale Ansprüche gerichtet ist, zur Durchsetzung und Verdrängung aktiviert, und unsere Autonomie sichert.
- Balance: Balance sorgt dafür, dass wir an Bewährtem und Gewohntem festhalten, Erreichtes sichern, uns nicht in Gefahr begeben, Stabilität anstreben, Energie sparen und Unsicherheit vermeiden.
- Stimulanz: Stimulanz motiviert uns Neues aufzusuchen, Neues auszuprobieren, fordert nach Abwechslung, aktiviert uns im Falle von Langeweile.

Wenn Menschen ein Produkt oder eine Dienstleistung einkaufen, dann können sie das aus unterschiedlichen Beweggründen tun. Manche werden stimulanz-, andere dominanz-, wiederum andere eher balancemotiviert sein. Wenn man einem balancemotivierten Kunden sagt, dass es sich bei dem Produkt um eine ganz brandaktuelle Entwicklung des Unternehmens handelt, das ganz neue Trends setzen wird, dann nutzt man die falschen Argumente, obwohl ein stimulanzmotivierter Kunde genau das gerne hören würde.
Für einen Verkäufer ist also durchaus wichtig, wenn er im Kontakt mit dem Kunden in dieser Phase möglichst viele Informationen sammelt, die erkennen lassen, welche Motive oder Motivkombinationen bei einem Kunden wichtig sind:

- Schon die äußere Erscheinung kann erste Hinweise liefern.
- Welche vergleichbaren Produkte hatte der Kunde vorher?
- Welche Kriterien hat er damals der Kaufentscheidung zugrunde gelegt?
- Was ist ihm beim aktuellen Kauf am wichtigsten?

Wenn man eine Idee gewonnen hat, was den Kunden am stärksten antreibt, dann kann man in der folgenden Angebotsphase die Verkaufsargumentation entsprechend aufbauen. Dazu muss aber erst einmal die Vorarbeit geleistet werden. Man muss sowohl balance-, also auch stimulanz-, als auch dominanzorientierte Argumentationen für das Produkt abrufbereit haben. Welche Argumente finden Sie, um Ihre Dienstleistung oder Ihr Produkt hinsichtlich jedem der drei Gesichtspunkte zu verkaufen?

Übung

1. Suchen Sie sich ein Produkt oder eine Dienstleistung aus, die Sie verkaufen. Finden Sie Argumente für dieses Produkt, die Dominanz, Stimulanz, Balance zum Ausdruck bringen. Lassen Sie sich von den Begriffen unten in den Kästen zu Assoziationen anregen.
2. Werfen Sie einen Blick auf die Produkte oder Dienstleistungen, die Sie verkaufen. Welche Motive werden durch sie besonders angesprochen?

5.4 Angebot

Nachdem Sie nun einen genauen Eindruck davon haben, was der Kunde will und was ihn zu seiner Entscheidung führt, können Sie in die Angebotsphase übergehen. Sie machen das Produkt oder die Dienstleistung schmackhaft.
Eine Besonderheit stellt die Akquise von Neukunden am Telefon dar, da man dort gar keine Gelegenheit hat, erst einmal eine ausführliche Analysephase durchzuführen. Deshalb gilt für diese spezielle Situation ganz besonders, dass die Vorbereitung so gut wie möglich sein muss, um schnell Anknüpfungspunkte zu bekommen.

Nutzenargumentation

In Seminaren habe ich oft erlebt, wie schwer es Personen fällt, ihr Produkt oder ihre Dienstleistung knapp und verständlich darzustellen, sodass die übrigen Teilnehmer eine Vorstellung hatten, worum es geht. In der Regel wird der Fehler gemacht, dass Produkteigenschaften dargestellt werden, nicht jedoch der Nutzen, den der Kunde davon hat.
Dass beispielsweise ein Auto ABS hat (Produkteigenschaft), sagt dem Kunden noch nicht, welchen konkreten Nutzen er im Straßenverkehr davon hat. Der Nutzen aber ist es, der den unmittelbarsten Verkaufsvorteil darstellt. Auch bei den Serviceleistungen, die man anbietet, muss der Kundennutzen herausgestellt werden. Lassen Sie sich nicht davon täuschen, dass Sie als Experte Ihrer eigenen Produkte oder Dienstleistungen diesbezüglich vielleicht relativ konkrete Vorstellungen haben. Zeigen Sie dem Kunden diesen Nutzen auf.
Folgende Übung hilft Ihnen, eine Idee davon zu entwickeln, wie Sie Produkteigenschaften in Kundennutzen übersetzen.

Wählen Sie zunächst ein Produkt oder eine Dienstleistung, die Sie anbieten, und sammeln Sie alle Eigenschaften, die charakteristisch sind.

Produkteigenschaft *Listen Sie hier die Eigenschaften Ihres Produktes oder Ihrer Dienstleistung auf*	**Übersetzer** *Wählen Sie einen der Übersetzer. Formen Sie den Satz so um, dass er natürlich klingt*	**Kundennutzen** *Stellen Sie den Nutzen dar, denn die Produkteigenschaft hat.*
	...was für Sie bedeutet, dass...	
	...was Ihnen den Gewinn bringt, dass...	
	...wodurch Sie Folgendes sparen...	
	...womit Sie Folgendes erreichen werden...	
	...was Ihnen die Sicherheit gibt, dass	
	...wodurch Sie wirken, als ob...	
	...was Ihnen garantiert, dass...	
	...was Folgendes verbessert:...	
	...was eine Steigerung bewirkt, hinsichtlich...	
	...und damit verhindern Sie,...	
	...wodurch garantiert wird, dass...	
	...und genau das erhöht...	

Zielerreichung

Einige Verkäufer verkaufen nur deshalb schlecht, weil sie überhaupt keine Idee haben, woran sie erkennen, ob der Kunde bereits Kaufsignale gesendet hat. Vielleicht kennen Sie das sogar aus eigener Erfahrung? Sie haben zu verstehen gegeben, dass Sie Kaufinteresse haben, aber der Verkäufer stellt unbeirrt weitere Alternativen vor oder ergeht sich sachverliebt in Detailerklärungen. Mit der Folge, dass Sie entweder leicht wieder aus dem Verkaufgespräch entschlüpfen können und sich Ihre Kaufabsicht noch „durch den Kopf gehen lassen“ können, oder mit der Folge, dass Sie als Kunde – nicht der Verkäufer - drängen, dass Sie jetzt gerne sofort Ihr Geld ausgeben wollen!! Das dient keinem Verkäufer, denn so wirkt er inkompetent und verkauft weder effektiv noch effizient. Das Ziel muss also sein, ganz konkrete, beobachtbare Signale zu identifizieren, anhand derer man erkennen kann, wie genau ein Kunde sein Kaufinteresse signalisiert. Erkennt man diese Signale, sollte es tabu sein, weitere Erklärungen, Alternativen oder neue Optionen ins Spiel zu bringen. Das erkennbare Kaufinteresse ist das Signal zum Übergang in die Abschlussphase.

Einwandbehandlung

Es sind wohl eher die ganz seltenen Situationen, in denen Sie ein Verkaufsgespräch führen, ohne dass der Kunde mindestens einen Einwand vorbringt, den Sie entkräften müssen. Einwandbehandlung gehört zu den Standardsituationen im Verkaufsgespräch. Umso schöner, dass die meisten Einwände vorhersehbar sind. Denn schon nach kurzer praktischer Erfahrung mit Kundengesprächen werden Sie 80 bis 90 Prozent aller Einwände mindestens einmal gehört haben. Sie können sich also darauf vorbereiten, indem Sie sich Gedanken machen, was Sie sagen, wenn ein bestimmter Einwand geäußert wird.
Sehen Sie es einmal von der Warte des Kunden: In gewisser Weise sind Einwände ein Test, der dem Kunden Sicherheit liefert, dass seine Entscheidung für ein Produkt auch auf einem guten Fundament steht – wenn die Argumentation des Verkäufers überzeugend ist. Es gibt einige Einwände, die standardmäßig zu erwarten sind. In der folgenden Liste sind häufige Einwände, die Sie vielleicht kennen. Ergänzen Sie Ihre eigenen. Machen Sie sich die Mühe, überzeugende Gegenargumente zu erarbeiten. Verbessern Sie Ihre Argumente, wenn Ihnen wirkungsvollere Formulierungen einfallen. Und stellen Sie sicher, dass Sie so vertraut mit den Gegenargumenten sind, dass Sie Einwänden im Schlaf begegnen können. Nur dann können Sie sicher und überzeugend auf den Kunden wirken.
Das Allerwichtigste aber ist, dass Sie bei Einwänden nicht in eine Widerstandshaltung gehen. Verteidigen Sie sich nicht und diskutieren Sie nicht, sondern überzeugen Sie, am besten durch eine professionelle Argumentation.

Einwand	Ihr Gegenargument
Der Preis ist zu hoch.	
Wir gehen ein Risiko ein uns an Sie zu binden, weil Sie noch nicht etabliert sind.	
Die Ausstattung des Produktes/Umfang der Dienstleistung ist zu gering.	
Die Lieferzeiten sind zu lang.	
Die Wettbewerber sind besser hinsichtlich	
Wir kennen Ihr Produkt noch gar nicht und wissen nicht, ob es funktioniert.	
Ihr Produkt ist noch nicht am Markt etabliert (wir haben ein Risiko).	
Ihr Unternehmen hat zu wenig Referenzen.	
Wir sind mit unserem Geschäftspartner bisher zufrieden.	
Wir haben keine Sicherheit, dass Ihr Produkt/Dienstleistung uns messbaren Nutzen liefert.	
...	
...	

Kauferlebnisse kreieren

Verkaufsgespräche bieten auch die Chance zur Inszenierung eines Kauferlebnisses zu werden. Wenn Sie Kunden bei sich empfangen können, haben Sie natürlich viel mehr Möglichkeiten, diese Idee umzusetzen, als wenn Sie eine Präsentation bei einem Kunden machen oder wenn Sie über das Telefon verkaufen. Bedenken Sie einmal, wieviel Mühe sich manche Unternehmen geben, Sie mit Beduftungsanlagen, durch geschickte Raumgestaltung, durch Hintergrundmusik, durch aktives Einbinden in eine Phantasiewelt zu entführen, die Sie zum

Konsum anregen soll. Der Aufwand wird natürlich nur betrieben, weil Kaufentscheidungen emotional getroffen werden. Dabei ist das Grundprinzip recht einfach und es kommt nur darauf an, die entscheidenden Parameter zu beeinflussen.

Sprich möglichst viele Sinne an

Was genau man dazu unternehmen kann, hängt vom Produkt und der gewünschten Wirkung ab.

Zunächst muss man sich klarmachen, welches Kauferlebnis man inszenieren möchte. Es macht einen Unterschied, ob man zum Beispiel Luxus, Schnäppchenkauf, persönliche Atmosphäre, Kompetenz inszenieren möchte. Bedenken Sie, dass sich das nicht nur auf den Handel bezieht, sondern dass das gleichermaßen für Präsentationen beim Kunden gilt und in eingeschränktem Maße sogar für die Telefonakquise.

Sichtbares

Am stärksten ist natürlich das Auge beim Kauf beteiligt. Zumindest ist das der Aspekt, der uns am leichtesten bewusst ist. Also sollten Sie alle die sichtbaren Aspekte unterstützen, mit denen der Kunde überzeugende Hinweise erhält, dass der Kauf für ihn eine richtige Entscheidung ist. Bedenken Sie:

- Raumgestaltung und Ambiente
- Kleidung
- Auftreten
- Broschüren

Klänge

Wie sehr der Klang unser Kauferlebnis beeinflusst kann vielleicht daran ermessen werden, dass Unternehmen durch aufwändiges Soundengineering die Klänge von Autotüren, Motorengeräuschen, Toastern und vielem mehr bewusst gestalten. Dass Musik Stimmungen beeinflusst wird jedem klar, der sein Lieblingslied spielt. Hintergrundmusik zielt genau darauf ab.

Wenn sie mit Bedacht ausgewählt wird, dann kann sie nicht nur Stimmungen beeinflussen, sondern auch das Ambiente unterstreichen. In den meisten Verkaufsgesprächen wird es kaum möglich sein, besonders stark an diesem Parameter zu feilen, außer vielleicht, wenn es darum geht, eine ruhige Gesprächsatmosphäre zu gestalten. Die Stimme des Verkäufers scheint der entschiedendste Aspekt zu sein, dem man sich in jedem Fall widmen sollte.

Aktives Erleben

Unser Erleben und unsere Erinnerungsfähigkeit werden umso stärker sein, je aktiver wir beteiligt sind. Dieses Prinzip kann man umsetzen, indem man überlegt, welche Möglichkeiten der Beteiligung des Kunden es gibt. Den Kunden etwas ausprobieren zu lassen, ihm das Produkt nicht nur zu zeigen, sondern es erleben zu lassen, wie das bei Kosmetika oder einer Probefahrt in einem Auto geschieht, und dieses Erlebnis zu inszenieren, schafft Erlebnisse, die nicht so leicht vergessen werden und auf der emotionalen Ebene eine Bindung herstellen. In diesem Sinne ist auch alles, was einen von der Masse der Mitbewerber abhebt und zu einem unerwarteten Neuigkeitserleben führt, hervorragend geeignet, die Erlebnishaftigkeit des Verkaufsgesprächs zu erhöhen. Gleichzeitig geht man natürlich ein gewisses Risiko ein, da das, was von der Masse abweicht natürlich beim ein oder anderen Kunden Unsicherheit auslöst.

Geruch/Geschmack

Gerüche zur Beduftung der Verkaufsräume sind mittlerweile auch in vielen Geschäften die Regel. Man weiß, dass Geruchsverbindungen in unserem Gehirn sehr unmittelbare Auslöser komplexer Erlebnisse sind. Auch hier kann man sich wieder von der Industrie anregen lassen: Wenn Lederpolsterungen im Neuwagen erst den Dufttest bestehen müssen, warum nicht auch überlegen, wie man selbst mit Düften arbeiten kann. Wenn das erste, woran Sie dabei denken, Ihr eigenes Parfüm ist, sind Sie schon auf dem richtigen Weg.

5.5 Abschluss

Erfahrene Verkäufer wissen, dass man nicht jedem Kunden alles verkaufen sollte, selbst wenn man könnte. Es ist ganz einfach so, dass ein zufriedener Kunde eher bereit sein wird, zurückzukehren, als ein Kunde, der den Eindruck hat, ihm sei etwas aufgeschwatzt worden. So etwas kann auch schnell zur Negativ-Werbung werden (siehe Fakten in Kapitel 6).
Setzen wir also voraus, dass der Kunde Interesse an einem Produkt signalisiert hat. Dann geht es darum, den Abschluss einzuleiten. Hier einige Anregungen:

Bereiten Sie sich auf den Abschluss vor

Planen Sie den Abschluss ein. Viele Verkäufer denken gar nicht an den Abschluss. Sie denken nur an die Präsentation, also die Angebotsphase, und überlassen den Abschluss dem Zufall. Wenn Sie wissen, wo Sie hin wollen, dann haben Sie auch die Chance, geplant vorzugehen.
Ihr Plan sollte also nicht beim Angebot Ihres Produktes oder Ihrer Dienstleistung enden, sondern bei Ihrer Vorstellung darüber, wie der Kunde mit dem Produkt oder dem Vertrag das Büro verlässt. Von dieser Vorstellung sollten Sie rückwärts planen, was erfüllt sein muss, damit es dem Kunden leicht fällt, Ja zu sagen.

Nehmen Sie der Kaufentscheidung die Bedeutung

Für die Kaufentscheidung ist es tödlich, wenn man
- den Kunden irgendwann mit der Frage “Wollen Sie es jetzt?” fordert,
- plötzlich erforderliche Formulare herauskramt,
- schweigend langatmig Termine und Daten checkt,
- Schweigephasen erlaubt, die dem Kunden Zeit zum Zweifeln einräumen,
- unnötige Ortswechsel vornimmt, die den Kunden aus der Kaufstimmung führen.

Deshalb sollte man hinsichtich all dieser Punkte einleitende Maßnahmen unternehmen, die – auch im übertragenen Sinne – die Unterschrift unter den Kaufvertrag zu einem minimalen Aufwand reduzieren.
Man holt die Zustimmung zum Produkt durch frühe Zwischenfragen ein, man hält Formulare schon in der Bedarfsphase bereit und trägt Daten ein, man checkt auch zwischendurch schon einmal einige Daten oder Termine am PC, während man dem Kunden erlebnisaktive Momente gestaltet, in denen er etwas probieren kann, man vermeidet lange Schweigephasen, in denen man selbst aktiv ist und der Kunde nichts tut.

Wagen Sie unkonventionelle Abschlüsse

In zahllosen Verkaufsgesprächen wird der Abschluss zu einem okkulten Ritual. Man muss erst einmal den Ort wechseln, Platz nehmen, auf den Ausdruck des Computers warten,...
All das weckt eher Zweifel an der Kaufentscheidung, als dass es sie unterstützt. Besiegeln Sie ihre Abschlüsse da, wo der Kunde sich entschieden hat.

> Minimieren Sie die Umständlichkeiten, die das Gefühl des Kunden schwächen, eine gute Entscheidung getroffen zu haben.

Wagen Sie es, die Kaufentscheidung nahe zu legen

Viele Verkäufer warten grundsätzlich, bis der Kunde sagt, dass er zum Kauf bereit ist. Viele Kunden sind aber unsicher, und warten geradezu darauf, dass der Verkäufer ihnen die Kaufentscheidung erleichtert. Es geht darum, die Sicherheit zu vermitteln, dass sowohl die Wahl als auch der Moment genau richtig sind. Dazu muss der Verkäufer initiativ werden, bestätigen, auffordern, auf Nachteile einer Nicht-Entscheidung hinweisen und elegant die Formalia des Abschlusses einleiten können.

Schweigen Sie, sobald der Abschluss eingeleitet ist

Sorgen Sie dafür, dass Sie den Abschluss nicht zerreden. Wenn die Abschlussfrage gestellt ist, ist der Kunde aufgefordert, sich zu entscheiden. Wenn man selbst zu sprechen beginnt, dann entbindet man den Kunden, diese Entscheidung zu treffen. Das ist fatal, weil das ganze Gespräch auf genau diesen Moment hinausläuft. Und es ist auch deshalb fatal, weil man selbst es verschuldet hat.

Jeder Abschlussversuch führt zum „Erfolg"

Jeder Abschlussversuch führt zum Erfolg, aber Erfolg bedeutet nicht immer, dass man ein Geschäft macht. Manchmal besteht der Erfolg darin, dass man lernen kann, worauf man in Zukunft noch genauer achten muss, oder darin, dass auf jeden Geschäftsabschluss eine Handvoll Fehlversuche kommt. Nicht jeder Abschlussversuch kann ein Geschäftsabschluss sein. Das wäre eine unrealistische Erwartung. Aber ob Sie aus diesen Erfahrungen Misserfolge oder Lernchancen machen, liegt bei Ihnen.

Seien Sie entspannt

Je sicherer und entspannter Sie den Kunden in die letzte entscheidende Phase führen, desto sicherer und entspannter kann er die Kaufentscheidung fällen. Wie sollte ein Kunde sich in seiner Entscheidung sicher fühlen, wenn der Verkäufer fahrig, nachdenklich, unsortiert, unvorbereitet, überrascht, unentschieden, unsicher wirkt? Trainieren Sie deshalb, wie Sie sich in der Abschlussphase verhalten. Engagieren Sie gegebenenfalls einen Coach, der Ihnen ein ehrliches Feed-back und konkrete Tipps gibt oder besuchen Sie ein passendes Seminar.

6 Umgang mit Beschwerden und Reklamationen

Beschwerdemanagement statt Einzellösungen

6.1 Wer redet schon gerne über Beschwerden?

Diese Frage ist doppeldeutig lesbar – sie ist mit Blick auf die Kunden oder mit Blick auf die Unternehmen zu lesen.
Kunden reden oft über ihre Beschwerden, nur nicht immer mit denen, die die Beschwerde verursacht haben. Sich bei Freunden, Bekannten und Verwandten über den erlebten Ärger zu unterhalten ist kurzweilig. Aber vor Ort, im Geschäft, im Kontakt mit dem Geschäftspartner oder am Telefon seine Beschwerde zu äußern, vermeiden Kunden schon eher. Wozu großes Aufsehen erregen? Sich womöglich noch rechtfertigen müssen? Die werden schon merken, was sie davon haben! Was soll ich denen etwas sagen, da ändert sich sowieso nichts. Einige Kundentypen halten sich mit der Äußerung ihrer Beschwerden besonders zurück (siehe Kundentypen). So entgehen den Unternehmen Informationen, die zur Verbesserung genutzt werden könnten. Schlimmer noch ist, dass zahlreiche Unternehmen unterschätzen, wie hoch die Zahl der unzufriedenen Kunden wirklich ist.
Die andere Blickrichtung der Eingangsfrage ist auf die Unternehmen gerichtet. Wer redet da schon gerne über Beschwerden? Ist es nicht Ausdruck einer mangelhaften Unternehmensführung, wenn man offiziell eingesteht, dass man sich mit Beschwerden auseinander setzen muss? Und als Mitarbeiter muss man sich fragen, ob man überfordert ist oder zu viele Fehler macht, wenn man offen zugibt, dass Beschwerden ein Thema sind, dem man sich widmen möchte. In einer Wirtschaftswelt, in der Erfolg zählt, passen Beschwerden nicht so recht ins

Bild. Aber gewollt oder nicht gewollt: Beschwerden betreffen jedes Unternehmen. Wer mit Kunden zusammenarbeitet, der ist betroffen. Wer das Thema für irrelevant hält, klammert es wahrscheinlich bewusst aus. Dabei lohnt es sich, den Umgang mit Beschwerden zu professionalisieren, weil das jede Servicestrategie erst abrundet.

Beschwerden oder Reklamationen?

Beschwerde oder Reklamation? Die Begriffe werden oft synonym verwendet, meinen aber streng genommen etwas Unterschiedliches. Bei einer Reklamation besteht ein rechtlich gesicherter Anspruch auf eine Leistung. Beschwerden können sich auf alles Mögliche beziehen. Ein Kunde könnte sich also über den Namen Ihres Unternehmens beschweren, reklamieren könnte er ihn nicht. Beschwerden sind also weiter gefasst. Wenn im Folgenden von Beschwerden die Rede ist, dann sind immer auch Reklamationen mit angesprochen.

6.2 Wie aus der Beschwerdebearbeitung ein Beschwerdemanagement wird

Bei der Bearbeitung von Beschwerden ist der Blick oft nur auf die Personen im direkten Kundenkontakt gerichtet. Sie sind es, die fit gemacht werden, Beschwerden erfolgreicher zu bearbeiten. Von Unternehmens- und Kundenseite wird dann kritisch beäugt, wie erfolgreich das Beschwerdemanagement ist. Doch das ist zu einfach. Die Qualität der Beschwerdebearbeitung setzt voraus, dass im gesamten Unternehmen Rahmenbedingungen bestehen, die eine Erfolg versprechende Beschwerdebearbeitung ermöglichen. Erst wenn die Bedeutung des Themas von Vorgesetzten erkannt und eine unterstützende Kultur existiert, wird aus einem Bündel von Einzelmaßnahmen, sich um Beschwerden zu kümmern, ein Beschwerdemanagement. Mit dem Merkwort REKLAMATION kann man Eckpunkte einer unterstützenden Unternehmenskultur lernen, die in diesem Sinne Erfolg versprechend sind (s. Haeske 2001).

R Regeln der Beschwerdebehandlung festlegen
E Ehrlichkeit: Gestehen Sie Fehler ein, die zur Beschwerde führten
K Keine falschen Erwartungen wecken
L Lösungsorientiert kommunizieren
A Antizipieren Sie Kundenbedürfnisse und Problemzonen
M Machtspiele produzieren nur Verlierer
A Analysieren Sie die Reklamationen
T Toleranz gegenüber Schwierigkeiten der Mitarbeiter
I Innovationspotenziale nutzen, indem man Beschwerden stimuliert und aus ihnen lernt
O Ohne Vollmachten keine machtvollen Mitarbeiter
N Netzwerke aufbauen

R Regeln der Beschwerdebehandlung festlegen

Verbindliche Regeln der Beschwerdebearbeitung geben allen Mitarbeitern Orientierung. Solche Regeln sollten die Handlungsbefugnisse, Entscheidungsspielräume, Entscheidungswege, Kulanzregeln, Verhaltensvereinbarungen etc. betreffen.

E Ehrlichkeit: Gestehen Sie Fehler ein

Das Problem vieler Unternehmen ist die mangelhafte Fehlerkultur. Sie zwingt Mitarbeiter geradezu aus Gründen der persönlichen Überlebenssicherung, Fehler zu vertuschen, Fehler zu leugnen. Das macht es schwer, unübersehbare Fehler einzugestehen und aus Beschwerden zu lernen.

K Keine falschen Versprechungen

Versprechungen wecken Erwartungen. Wenn diese erfüllt werden, ist das nichts Besonderes, schließlich war es ja angekündigt. Das Problem taucht auf, sobald Versprechen nicht erfüllt werden. Unternehmen, die Serviceversprechen auf ihre Fahnen schreiben – wortwörtlich – tun sich einen Gefallen, wenn sie bei der Mitarbeiterauswahl und in der Personalentwicklung entsprechende Maßnahmen bereithalten.

L Lösungsorientierte Kommunikation

Wenn man bei der Bearbeitung von Beschwerden zu lange über die Ursachen redet und auch immer wieder auf sie zu sprechen kommt, verstärkt man häufig die Probleme, ohne es zu merken. Wichtiger ist es, konsequent auf die Lösung des Problems hinzuarbeiten. Denken und sprechen Sie in Lösungen statt in Problemen. Was für den direkten Umgang mit Kunden gilt, kann auch auf die Kommunikation innerhalb des Unternehmens übertragen werden.

A Antizipieren Sie die Kundenbedürfnisse und schaffen Sie Frühwarnsysteme

In dem Maße, in dem Sie sich in Ihre Kunden hineinversetzen, werden Sie voraussehen, welche Schwierigkeiten auf Sie zukommen können. Bereiten Sie sich so vor. Die Vorwegnahme von Kundenreaktionen und Reaktionen, aus denen hervorgeht, dass Sie auf die Anfragen, Reklamationen, vorbereitet sind, lassen Sie als Person und als Unternehmen kompetent erscheinen.

M Machtspiele produzieren nur Verlierer

Unternehmen wie Personen, die in Gewinner-Verlierer-Kategorien denken, werden im Umgang mit Kunden kaum zum Servicemeister werden. Service und in besonderem Maße Beschwerdebearbeitung setzen Langmut, Geschick und den Blick für den langfristigen Gewinn voraus. Machtspielchen und verbales Kräftemessen schafft vielleicht kurzfristige Gewinne, wird aber keinen Kunden zufrieden stellen oder binden. Service wird leichter lebbar, wenn man die gegenseitige Abhängigkeit anerkennt.

A Analysieren Sie die Reklamationen

Die Mitarbeiter, die in engem Kontakt zu den Kunden stehen, sind Experten dafür, welche Beschwerden und Reklamationen im Tagesgeschäft geäußert werden. Diese Erfahrungen zu sammeln und zu bündeln, eröffnet Möglichkeiten, zukünftig Beschwerden zu vermeiden und so schrittweise seinen Service zu optimieren. Der Gewinn, der von einer solchen Analyse zu erwarten ist, rechtfertigt den notwendigen Aufwand allemal.

T Toleranz gegenüber Schwierigkeiten bei den Mitarbeitern

Nur wenn Anreize bestehen, sich mit Engagement um die Lösung von Kundenproblemen zu kümmern, ist zu erwarten, dass Mitarbeiter die Verantwortung dafür übernehmen. In einigen Unternehmen scheint es aber eher so zu sein, dass es mehr Anreize gibt, sich um die Bearbeitung von Beschwerden zu drücken und allzu großes Engagement zu vermeiden. Man muss die Mechanismen verstehen und beseitigen, die das bewirken, sonst wird keine Strategie der Beschwerdebearbeitung Erfolge bringen.

I Innovationspotenziale nutzen, aus Beschwerden lernen

Wenn Sie bedenken, dass auf jede offen geäußerte Beschwerde circa 20 ungeäußerte Beschwerden kommen, dann sollte das eigentlich Anreiz genug sein, sich mit dem Thema zu beschäftigen. Beschwerden zu vermeiden ist eine gute Investition ins Marketing, weil Negativwerbung vermieden wird. Aus Beschwerden zu lernen, ist darüber hinaus aber auch eine Quelle für Innovationen, die kostenlos angezapft werden kann. Man muss nur Augen und Ohren öffnen.

O Ohne Vollmachten keine machtvollen Mitarbeiter

Freundliche und kompetente Mitarbeiter wirken hilflos, wenn sie keine Befugnisse haben, eigene Entscheidungen zu treffen und keine Spielräume besitzen, Probleme sofort zu lösen. Die Folge ist häufig Demotivation und die wiederum macht sich im Kundenumgang negativ bemerkbar. Wenn man Mitarbeitern in der Beschwerdebearbeitung Entscheidungskompetenzen überträgt, motiviert man sie auch, unterstützt ein selbstsicheres Auftreten und eine reibungslose Beschwerdeabwicklung.

N Netzwerke aufbauen

Die Vorgesetzten der Personen, die in der Beschwerdebearbeitung eingebunden sind, sollten sich engagieren, Kontakte zu anderen Abteilungen aufzubauen, die Informationen bereithalten, die zur Beschwerdebearbeitung wichtig sind. Wenn man einen kurzen Draht zu Kollegen anderer Abteilungen hat, dann lassen sich viele Beschwerden unkompliziert und schnell lösen. Kurze Drähte sorgen auch dafür, dass man zeitnah umfassend über die relevanten Dinge informiert ist. Es ist beschämend, wenn Kunden genauer Bescheid wissen als Mitarbeiter, die im direkten Kundenkontakt arbeiten.

Wie steht es um Ihre Beschwerdekultur?

Die folgende Checkliste gibt Ihnen die Möglichkeit, Stärken und Schwachstellen Ihrer Beschwerdekultur präziser zu analysieren. Geben Sie zu jeder Aussage den Grad Ihrer Zustimmung an. (-- entspricht maximale Ablehnung; ++ maximale Zustimmung; 0 entspricht einer unentschiedenen Haltung).

	Aussagen zur Beschwerdekultur	Grad der Zustimmung				
		--	-	0	+	++
1.	Zuständigkeiten der Beschwerdebearbeitung sind bei uns klar geregelt.					
2.	Wie in unterschiedlichen Beschwerdesituationen vorzugehen ist, ist geregelt.					
3.	Mitarbeiter wissen, welche Befugnisse sie haben, wenn es um Beschwerden geht.					
4.	Es gibt Handlungsspielräume oder Budgets, über die man zur raschen Problembeseitigung ohne Rücksprache verfügen kann.					
5.	Es ist in Ordnung, dass Fehler passieren, solange man sich verantwortlich fühlt.					
6.	Fehler werden offen und vorwurfsfrei besprochen. Man ist an Verbesserung interessiert, nicht an Tätersuche.					
7.	Es gibt Serviceversprechen, die auch eingehalten werden.					
8.	Wir machen hinsichtlich der Kundenorientierung mehr, als wir offiziell versprechen.					

9.	Es gibt Schulungen oder Ähnliches, um Mitarbeiter im Umgang mit schwierigen Kunden fit zu machen.					
10.	Wir bemühen uns mehr um Lösungen als um Problem- und Ursachenforschung.					
11.	Unser Blick ist nach vorne gerichtet: Wir überlegen, wie wir besser werden können.					
12.	Wir sind an den Beschwerden und Problemen der Kunden interessiert.					
13.	Wir versuchen, absehbare Probleme bereits im Vorfeld zu bedenken und zu minimieren.					
14.	Wir vermeiden das „Wer ist stärker" -Spiel mit dem Kunden.					
15.	Wir vermeiden die Verteidiger-Haltung und hören dem Kunden bei Beschwerden zu.					
16.	Hin und wieder überlegen wir gemeinsam, welche Beschwerden auftreten und wie wir ihnen begegnen können.					
17.	Wir haben schon unterschiedliche Konsequenzen aus wiederkehrenden Beschwerden gezogen.					
18.	Es gibt Anreize, Beschwerden zufrieden stellend zu bearbeiten.					
19.	Die Analyse von typischen Beschwerden hat schon zu konkreten nützlichen Veränderungen in unserem Haus geführt.					
20.	Wir sind in der Regel über Aktionen und Veränderungen informiert, die im Kundengespräch thematisiert werden.					
21.	Bei Fragen oder Problemen kann ich entsprechende Kollegen aus anderen Abteilungen unkompliziert kontaktieren.					
22.	Der Vorgesetzte steht vor dem Kunden hinter den Mitarbeitern.					
23.	Unterschiedliche Ansichten zwischen Mitarbeiter und Vorgesetztem werden nicht vor dem Kunden ausgetragen.					

Sie können den Fragebogen als Diskussionsgrundlage nutzen, um in Ihrer Teambesprechung einen Eindruck von den unterschiedlichen Einschätzungen zu bekommen und gezielt Maßnahmen zur Verbesserung zu besprechen.

6.3 Fakten, die nachdenklich machen

Im Zusammenhang mit Beschwerden gibt es Zahlen, die mittlerweile allgemein in Artikeln und Büchern gehandelt werden. Ich will einige vorstellen (ausführlich Haeske 2001, Stauss & Seidel 1998).

- Auf jede Beschwerde, die die Unternehmensleitung erreicht, kommen 6 schwer wiegende und 20-50 weitere.
  Goodman, J.A., Malech, A. R., Marra, T.R.: „Beschwerdepolitik unter Kosten-/Nutzen-Gesichtspunkten – Lernmöglichkeiten aus den USA". In: Hansen, U., Schoenheit, I. (Hrsg.): Verbraucherzufriedenheit und Beschwerdeverhalten, Frankfurt a. M./New York 1987

- Man spricht mit ca. 10 Personen über negative Reaktionen. Bei schwer wiegenden Problemen mit durchschnittlich 16.
  TARP: Consumer Complaint Handling in America: Final Report; Washington DC. 1979

- Zufriedene Kunden sprechen bei kleinen Problemen mit 5 Personen, bei großen Problemen mit ca. 10 Personen über ihre positiven Erfahrungen.
  TARP: Consumer Complaint Handling in America: Final Report; Washington DC. 1979

- Bei zufrieden gestellten Beschwerdeführern kann die Kundenloyalität größer sein als die von Kunden, die überhaupt kein Problem haben.
  Goodman, J.A., Malech, A. R., Marra, T.R.: „Beschwerdepolitik unter Kosten-/Nutzen-Gesichtspunkten – Lernmöglichkeiten aus den USA". In: Hansen, U., Schoenheit, I. (Hrsg.): Verbraucherzufriedenheit und Beschwerdeverhalten, Frankfurt a.M./New York 1987

- Eine Rückführung von abgewanderten Kunden um 5% pro Jahr kann den Gewinn verdoppeln.
  Reichheld, F. F.: „Treue Kunden müssen auch rentabel sein." In: Harvard Business Manager; Nr. 3, 1993

- In 60-80% Prozent gaben abgewanderte Kunden kurz zuvor bei Befragungen noch an, dass sie zufrieden oder sehr zufrieden sind.
  Reichheld, F. F.: „Lernen Sie von abtrünnigen Kunden, was Sie falsch machen." In: Harvard Business Manager, Nr.2, 1997

- Mehr als 50% der Mühen auf Kunden einzugehen führen zur Verstärkung des Ärgers.
  Hart, C. W. L./Heskett, J.L./Sasser, W. E.: „Wie Sie aus Pannen Profit ziehen". In: Harvard Manager; Nr.1, 1991

6.4 Grundüberlegungen zur Beschwerdebearbeitung

In den folgenden Abschnitten stelle ich konkrete Tipps vor, wie man sich bei Beschwerden verhalten sollte, um möglichst erfolgreich zu sein. Vorab will ich einige Grundüberlegungen vorstellen, an denen man sein Verhalten ausrichten kann. Diese Überlegungen sind weit reichender als Verhaltenstipps und sollten grundsätzlich bei der Beschwerdebearbeitung mitgedacht werden. Wenn man die Grundüberlegungen beherzigt, gibt man dem konkreten Verhalten sozusagen das Rückgrat, nicht gleich bei der ersten Schwierigkeit aufzugeben.

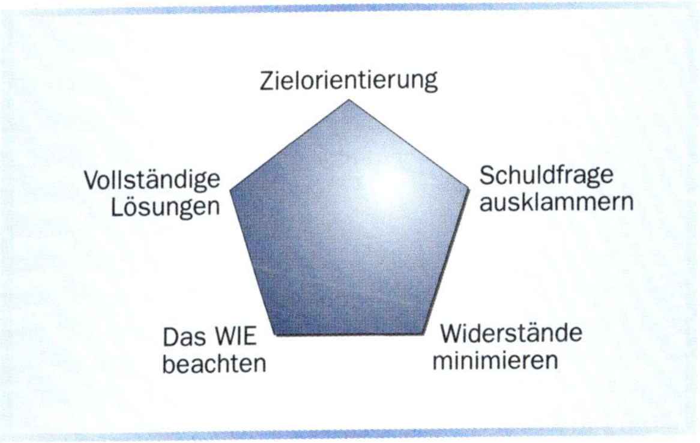

Zielorientierung

Eine ausgeprägte Zielorientierung ist bei der Bearbeitung von Beschwerden außerordentlich wichtig. Die meisten Personen schaffen es zu Beginn vielleicht noch, den schwierigen Kunden ausreden zu lassen. Zieht sich dessen Beschwerde jedoch hin, nehmen Anklagen oder verdeckte Vorwürfe zu, dann unterbricht man doch plötzlich, oder neigt zu Gegenvorwürfen. Passiert das, dann hat man sich von der Dynamik des Konfliktes mitreißen lassen und sein Ziel aus den Augen verloren. Zielorientierung bedeutet, dass man sein Verhalten konsequent daran ausrichtet, ob es der Bearbeitung der Beschwerde dienlich ist – nicht, ob das Verhalten einem persönlich gefällt. Das ist anstrengend, fordert zuerst, dass man Geduld mit sich selbst hat und bleibt eine fortwährende Herausforderung.

Schuldfrage ausklammern

Die Frage, wer Verursacher oder Schuldiger ist, spielt für die Menschen eine große Rolle. Allenthalben wird nach dem Schuldigen gesucht. Meistens wird auch einer gefunden, aber das ändert eigentlich nicht unbedingt etwas. Bei der Bearbeitung von Beschwerden steht die Frage unmittelbar im Raum. Viele Beschwerdeführer „freuen sich", dass sie einen Menschen vor sich oder am Telefon haben, dem sie das Problem schildern können, und neigen dazu, diesem auch die Schuld zuzuschreiben.

Dass die Klärung der Schuldfrage meist komplex und deshalb nicht immer möglich ist, ist ein Aspekt. Entscheidender ist jedoch, dass die Klärung der Schuldfrage keine Lösung der Beschwerdesituation bewirkt. Ich empfehle, das Thema Schuldfrage zu meiden und sich stattdessen konsequent auf die Themen Lösungsfindung, Verbesserung, Zufriedenheit herstellen, einander entgegenkommen zu konzentrieren. Das beginnt damit, dass man sich selber nicht angegriffen fühlt und sich klar macht, dass man selbst meistens keine Schuld am Auslöser der Beschwerde hat, aber ein großes Interesse an einem konstruktiven Gespräch mit dem Gesprächsführer.

Widerstände minimieren

Jede Verhaltensweise, die dazu geeignet ist, die Widerstände des Gesprächspartners zu minimieren, vermindert die Gefahr der Eskalation im Gespräch. Jeder Mensch kennt aus Erfahrung Verhaltensweisen, die dazu führen, innerlich Widerstand aufzubauen. Man muss sich diese Erfahrungen vielleicht in Erinnerung rufen, um zu wissen, was man vermeiden sollte:

- Ins Wort fallen
- Drohungen, Belehrungen und Vorwürfe
- Zwang
- Schuldbekenntnisse einfordern
- Arrogant wirken: Hochnäsig, kein Blickkontakt, abfälliges Lächeln
- Abwertung: Warten lassen, wegdrehen, übersehen

In der Serviceuhr - die im folgenden Abschnitt auf die Bearbeitung von Beschwerden übertragen wird, sind Aspekte aufgeführt, die allesamt geeignet sind, Widerstände zu vermeiden. Überprüfen Sie ehrlich für sich, wie oft Schwierigkeiten bei der Beschwerdebearbeitung aus dem Grund entstehen, dass Sie selber Widerstand provoziert haben. Lernen Sie, das künftig zu vermeiden.

Wie statt was

Es wird in jedem Ratgeber zur Kommunikation betont, dass die nicht verbalen Anteile der Kommunikation wie Stimme, Gestik, Haltung, Mimik entscheidender sind als das, was wir sagen. Sobald Gesprächssituationen sich zuspitzen, und das ist in Beschwerdesituationen standardmäßig der Fall, ist die Sensibilität für Machtgebaren auf diesen Kanälen besonders ausgeprägt. Beschwerdeführer reagieren also besonders empfindlich, wenn die Stimme des Sachbearbeiters leicht genervt klingt, die Gesten etwas zu forsch oder die Mimik desinteressiert unfreundlich. Vergessen Sie nicht, dass die Art und Weise, wie Sie sich verhalten, das WIE, entscheidet, welche Wirkung Sie haben. Ein ehrliches Feed-back von Kollegen oder im

Seminar macht vielleicht verständlich, weshalb Sie bestimmte Reaktionen provozieren. Das ist zwar nicht immer angenehm, aber eine hervorragende Chance, mehr über sich und seine Entwicklungsmöglichkeiten zu erfahren.

Vollständige Lösung – ganz oder gar nicht

Eine Beschwerdebearbeitung, die nicht konsequent zu Ende gedacht ist und halbherzig durchgeführt wird, hinterlässt eine schlechte Wirkung beim Kunden. Ganz oder gar nicht, heißt die Devise. Wenn man erst mit dem Kunden diskutiert, Ursachen des Problems erforscht und erfolglos die Schuldfrage klärt, um anschließend kulant entgegenzukommen, wird das am Ende keine bessere Wirkung haben, als wäre man dem Kunden gar nicht entgegen gekommen. Dem fehlt die Konsequenz und Zielorientierung. Deshalb ist es hilfreich, sich einmal Zeit dafür zu nehmen zu klären, wie man mit unterschiedlichen Beschwerden grundsätzlich verfährt.

6.5 Die Serviceuhr bei der Beschwerdebearbeitung

Es ist nahe liegend, bei der Bearbeitung von Beschwerden auf die 12 Serviceorientierungen zurückzugreifen, die in Abschnitt 2.2 vorgestellt wurden. Wenn diese Dimensionen geeignet sind, Anregungen für das Serviceverhalten unter regulären Bedingungen zu geben, sollten sie auch bei den schwierigen Fällen, wie sie Beschwerden und Reklamationen darstellen, geeignet sein, eine bestmögliche Wirkung zu erzielen.

Nebenstehend ist zunächst die Uhr für Ihren Überblick abgedruckt. Danach schauen wir uns im Einzelnen an, wie jede Servicedimension im Hinblick auf die Beschwerdebearbeitung konkret interpretiert werden kann.

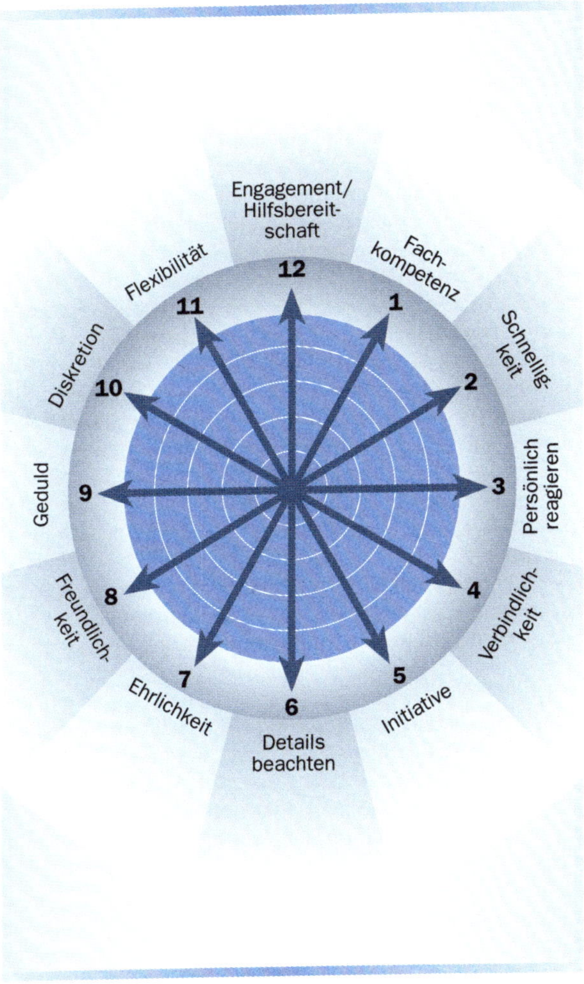

Die Serviceuhr bei der Bearbeitung von Beschwerden anwenden

1. Fachkompetenz

Ein inkompetenter Beschwerdebearbeiter wird auch durch noch so freundliches und zuvorkommendes Verhalten kaum einen guten Eindruck hinterlassen. Fachlich kompetent zu wirken, wird sich bei der Bearbeitung von Beschwerden darin ausdrücken, dass man sachlich korrekte Auskunft geben kann. Dazu muss man einerseits die entsprechende Ausbildung und die erforderliche Erfahrung haben, andererseits sollte man notwendige Informationen, die geklärt werden müssen, sofort zugriffsbereit haben. Ein selbstsicheres Auftreten ist unverzichtbar, da unsicher wirkende Personen es erheblich schwerer haben, einen kompetenten Eindruck zu vermitteln.
Darüber hinaus ist es insbeondere bei der Abwicklung von Reklamationen hilfreich, die Rechtsgrundlagen zu kennen. Sicherheit wird auch dadurch vermittelt, dass Mitarbeiter bei der Bearbeitung von Beschwerden absolut sicher bezüglich des Procederes sind. In gut organisierten Unternehmen ist eindeutig geregelt, wer was mit welcher Befugnis regeln kann, unter welchen Umständen Rücknahmen und/oder Umtausch möglich sind und wie mit Gutscheinen oder Gutschriften verfahren wird. Muss ein Mitarbeiter in Fragen des Prozesses immer erst nachfragen, wirkt er dadurch wenig kompetent und unsicher, was ausbeuterisches Beschwerdeverhalten provoziert.

2. Schnelligkeit

Bei der Bearbeitung von Beschwerden zählt Geschwindigkeit. Viele Beschwerdeführer werten es als gutes Signal, wenn die Antwort auf die Beschwerde rasch erfolgt. Bei schriftlichen Beschwerden sollte deshalb sofort nach Eingang mindestens ein Empfangsschreiben versandt werden, in dem angekündigt wird, dass man sich innerhalb eines festgeschriebenen Datums melden wird.
Bei der direkten Bearbeitung von Beschwerden kann man bei der Arbeit darauf achten, dass man einen engagierten Eindruck vermittelt, da das optisch signalisiert, dass man aktiv ist. Die gemächlicheren Arbeiter werden auch bei höchster Kompetenz

schnell den Eindruck vermitteln, keinen vollen Einsatz zu bringen. Auch in der Sprache lässt sich das berücksichtigen. Wie schon im Kapitel zur Telefonkompetenz erwähnt, bewährt sich hier die gewohnheitsmäßige Verwendung der Wörter „schnell", „sofort", „jetzt gleich" in Sätzen wie beispielsweise „Das werde ich sofort nachsehen."

3. Persönlich reagieren

Bei der Bearbeitung von Beschwerden empfehle ich, das Wort persönlich sehr ernst zu nehmen. Es bedeutet: persönlich erscheinen vor persönlich anrufen vor schriftlich reagieren. Diese Reihenfolge sollte unter Einbezug wirtschaftlicher Erwägungen eingehalten werden. Die zweite Erwägung ist: Höhere Persönlichkeiten bewirken höheren Respekt. In der Praxis zeigt sich immer wieder, dass Beschwerdegespräche leichter lösbar scheinen und weniger konfliktreich verlaufen, wenn man an Vorgesetzte weitervermittelt wird – selbst wenn dies der Kollege am Nachbartisch ist. Es zeigt sich auch, dass das rechtzeitige und freiwillige Erscheinen oder die persönliche Entschuldigung des Geschäftsführers in schwierigen Situationen als besondere Wertschätzung verstanden wird. Man sollte solche Effekte bewusst nutzen und inszenieren.
Auf der sachbezogenen Ebene wird eine Reaktion als persönlich erlebt, wenn die Person mit Namen angesprochen wird, wenn man Einzelheiten des Kunden erinnert und sich bemüht, auf das Gesagte einzugehen (was immer möglich sein sollte!). Nehmen Sie auch in diesem Sinne sofort einen persönlichen Kontakt auf, der vielen Beschwerdeführern noch vor dem ersten Wort den Wind aus den Segeln nimmt, indem Sie sich mit Händedruck freundlich persönlich vorstellen.

4. Verbindlichkeit

Verbindlichkeit kann man an zwei Aspekten festmachen: Nehmen Sie grundsätzlich jede Beschwerde ernst. Auch wenn Sie persönlich das ein oder andere für lächerlich oder indiskutabel halten, sollte Ihr Auftreten das nicht zeigen.

Legen Sie vorher fest, was machbar ist und was nicht. Wenn Sie in der Situation erst entscheiden und womöglich vorher noch den Eindruck vermittelt haben, dass Sie die Beschwerde nicht ganz ernst nehmen, dann wirkt das Verhalten willkürlich. Wenn Sie sich die Beschwerde ernsthaft anhören, nachfragen und dann sachlich sagen, was (nicht) machbar ist, dann wirkt die Aussage unumstößlicher.

5. Initiative

Initiativ zu werden setzt voraus, dass Zuständigkeiten geklärt sind, dass Prozesse bekannt sind, kurz, dass Mitarbeiter im Kundenkontakt wissen, wer für was zuständig ist und in welchem Rahmen Entscheidungen von jedem getroffen werden dürfen. Im Beschwerdemanagement gibt es das Prinzip des complaint ownership. Es besagt, dass der Mitarbeiter Eigentümer (owner) der Beschwerde (complaint) ist, der zuerst von ihr erfährt. Er ist solange für die Bearbeitung der Beschwerde verantwortlich, bis sie an die zuständige Person weitergegeben wird. Dieses Prinzip lässt sich nur leben, wenn man sich initiativ darum kümmert, eine Lösung für den Kunden zu finden.
Initiative ist auch da sichtbar, wo man nicht erst aktiv wird, wenn Beschwerden unübersehbar geworden sind, sondern wo man aktive Beschwerdestimulation betreibt, also dem Kunden Wege eröffnet, seinen Unmut oder seine Anregungen zu äußern. Das ist aber nur in Unternehmen möglich, die eine Fehlerkultur haben und Fehler als Lernchance begreifen.

6. Details beachten

Details zu finden, die dem eigenen Umgang mit Beschwerden den letzten Schliff geben, gelingt, wenn Sie folgende Fragen kritisch prüfen:

- Wo werden unsere Beschwerden bearbeitet?
  Diese Frage lenkt den Blick auf die räumliche Umgebung, in der Beschwerden auflaufen und in der sie bearbeitet werden. Erlaubt die räumliche Umgebung die Umsetzung der übrigen elf Servicedimensionen?

- **Wer bearbeitet die Beschwerden?**
  Warum sind es gerade diese Personen, die Beschwerden bearbeiten? Welche Motivation haben sie? Wie wirken diese Personen auf Beschwerdeführer und wie kann man diese Personen unterstützen, um die übrigen elf Servicedimensionen umzusetzen?
- **Wie werden die Beschwerden bearbeitet?**
  Wie ist das Verhalten der Personen in der Beschwerdebearbeitung zu beschreiben? Gibt es hinsichtlich der übrigen elf Servicedimensionen einige konkrete Verbesserungsmöglichkeiten?
- **Wie lange dauert die Beschwerdebearbeitung?**
  Hier geht es um die Geschwindigkeit, mit der auf Beschwerden reagiert wird. Wie schnell und leicht gelingt es einem Beschwerdeführer seine Beschwerde zur richtigen Stelle zu bringen? Wie lange muss auf eine Antwort gewartet werden? Gibt es Hindernisse, die eine schnelle Umsetzung der übrigen Servicedimensionen erschweren?

7. Ehrlichkeit

Es ist besser unübersehbare Fehler zuzugeben, als zu versuchen sie zu vertuschen, drumherum zu reden oder gar zu lügen. Ich kenne praktische Beispiele aus Organisationen, die insgesamt bestätigen, dass diese Strategien meist zur Verschlimmerung der Situation beitragen und in der Folge auch größeren Schaden nach sich ziehen. Dass Mitarbeiter aber auf solche Vermeidungsstrategien zurückgreifen, ist oft ein Ausdruck einer repressiven Unternehmenskultur.
Ehrlichkeit bei Fehlern sollte aber nicht als totale Ehrlichkeit missverstanden werden. Nicht nachweisbare Fehler oder von außen nicht erkennbare interne Probleme, die zu Beschwerden geführt haben, müssen auch nicht zugegeben werden – selbst wenn der Kunde sie spekulativ ahnend anklagt. Diese Art von Ehrlichkeit wird nämlich leider von einigen Beschwerdeführern zu gerne ausgenutzt. In vielen Fällen ist eine gute Notlüge hilfreicher, um das Vertrauen des Kunden zu bewahren.

8. Freundlichkeit

Freundlichkeit in der Beschwerdebearbeitung erschöpft sich nicht im künstlichen Dauerlächeln. Die Forderung im Service alles ertragen zu müssen ist nicht nur unerträglich für die Servicemitarbeiter, sie wirkt auch provozierend auf manche Beschwerdeführer. Freundlichkeit sollte im Sinne einer geduldigen Zugänglichkeit für die Beschwerde verstanden werden, die Verärgerung hinnimmt, solange sie auf die Sache gerichtet und nicht entwertend auf die eigene Person zielt. In Abhängigkeit von den unterschiedlichen Kundentypen kann dies mal entgegenkommender und mal bewusst kühler ausfallen. Freundlichkeit zu bewahren, selbst wenn Beschwerdeführer aufgebracht und angriffslustig auftreten, ist eine extreme Herausforderung. Das gelingt nur, wenn man die zu Beginn des Kapitels geäußerten Grundstrategien tief verinnerlicht hat. Es gibt eine Haltung, die bei anbrandenden Vorwürfen helfen kann. Ich habe sie (Haeske, 2000) WIMSIDIR-Prinzip genannt. Das steht für: Wie ich mir, so ich dir. Wer sich selbst dem anderen gegenüber freundlich verhält, der kann sich selbst nicht vorwerfen und auch nicht vorwerfen lassen, unfreundlich gewesen zu sein – egal, wie das Gespräch endet.

In diesem Sinne ist es zum Beispiel tabu, Vorwürfe oder Belehrungen zu verwenden. Es fällt leichter dies umzusetzen, wenn man lernt die Perspektive des Kunden einzunehmen, zu verstehen, dass jede Beschwerde aus der Sicht des Kunden subjektiv berechtigt ist. Darauf sollte die eigene Strategie zum Umgang mit dem Kunden basieren.

9. Geduld

Geduld ist bei der Beschwerdebearbeitung eine unbezahlbare Kompetenz. Geduld befähigt dazu, den Gesprächspartner ausreden zu lassen. Es kann nicht oft genug gesagt werden, wie hilfreich das ist, um konfliktreiche Situationen zu entspannen und zu entschleunigen. Geduld befähigt auch dazu, Pausen zuzulassen und einzubauen. Pausen haben eine unglaublich starke Wirkung, weil auch sie Situationen entschleunigen und weil sie Verfestigungen aufweichen können. Wenn man in einem Beschwerdegespräch erkennt, dass man in eine Sackgasse gerät, dann bietet sich der Rückruf, das Rückversichern bei einem Kollegen oder Vorgesetzten, das Nachschlagen in einem wichtigen Dokument, der Rückruf bei einem Kontaktpartner oder Ähnliches an. Wichtig ist nur die Unterbrechung, von der die Pause eine Sonderform ist. Unterbrechungen sind auch Aufforderungen den Platz oder den Raum zu verändern. Solche körperlich-räumlichen Veränderungen erleichtern immer auch mentale Veränderungen beim aufgebrachten Kunden.

10. Diskretion

Einige Beschwerdeführer suchen die Bühne, um ihre Probleme vorzutragen. Diese Art von Beschwerdeführern können Sie „leichter entwaffnen", wenn Sie von vorneherein dafür sorgen, dass es keine Bühne und kein Publikum gibt, vor dem man sich profilieren kann. Viele Informationstheken sind aus diesem Grunde der falsche Ort, um Beschwerden entgegenzunehmen. Beschwerdeführer in eine diskrete Umgebung zu lotsen ist auch für die ruhigeren Beschwerdeführer von Vorteil. Hier ist der Grund der, dass diese Art von Beschwerdeführern offener sein kann und sich geschützter fühlt. Das wird ein harmonischeres Gespräch unterstützen. Und der dritte Vorteil liegt darin, dass ein diskreter Rahmen zur Beschwerdebearbeitung dem Unternehmen nützt, weil damit unnötige Negativ-Publicity vermieden wird.

11. Flexibilität

Flexibilität im Umgehen mit unterschiedlichen Beschwerdeführern ist sehr wichtig, weil schon die Vorstellung unterschiedlicher Kundentypen in Kapitel 3 deutlich gemacht hat, dass ein standardmäßiges Vorgehen bei allen Kunden zu vorhersagbaren Problemen führt. Die folgende Übersicht fasst einige konkrete Tipps zusammen, die bei der Beschwerdebearbeitung im Umgang mit den vorgestellten Kundentypen beachtet werden können.

Umgang mit den vier Kundentypen bei Beschwerden

Beziehungstyp

Beachten Sie ...

- Da Beschwerden Konfliktpotenzial bergen, werden sie dazu neigen, die Beschwerde gar nicht zu äußern.
- Dieser Kundentyp äußert seine Beschwerde fast entschuldigend und tritt eher unsicher auf.
- Ist schon mit wenig Entgegenkommen zufrieden.
- Wichtiger als finanziell großzügige Kulanzregelungen ist die Freundlichkeit, mit der auf den Kunden eingegangen wird.
- Diese Art von Kunden registriert Ungerechtigkeit oder schlechte Behandlung, toleriert das aber vergleichsweise lange und wandert dann still und lautlos ab.
- Diese Art von Beschwerdeführern kann man durch besondere Reue wahrscheinlich wieder zurückgewinnen.

Unterhalter

Beachten Sie ...

- Diese Art von Kunden liebt die Bühne und den Auftritt. Diese Art von Kunden äußert auch kleine Ärgernisse schnell.
- Machen Sie sich darauf gefasst, dass die Person nicht ein Ärgernis sondern eine Katastrophe erlebt hat. Nehmen Sie es trotzdem ernst.
- Diese Art von Beschwerdeführern redet mit sehr vielen Personen über das Erlebte. Hier lohnt also die erfolgreiche Bearbeitung besonders.
- Ein impulsives und hochfahrendes Auftreten wird bei diesem Beschwerdetyp wahrscheinlich sein. Beschwichtigen, bedauern, Verständnis zeigen, zuhören, Ruhe bewahren.
- Diese Art von Beschwerdeführern sagt Ihnen, dass er nie wieder etwas mit Ihnen zu tun haben will, meint es aber nicht unbedingt so.

Buchhalter

Beachten Sie...

- Diese Art von Beschwerdeführern wird eher dazu neigen, die Beschwerde erst einmal gar nicht zu äußern.
- Dieser Kundentyp redet wahrscheinlich mit relativ wenigen Personen über das Beschwerdeerlebnis.
- Diese Art von Kunden ist sensibel für Ungerechtigkeit oder schlechte Behandlung, schaut sich das kritisch schweigend dreimal an und wandert still und lautlos ab.
- Diese Art von Beschwerdeführern legt Wert auf eine gute inhaltliche Lösung. Die Verpackung ist weniger wichtig, als der Inhalt.

Inspektor

Beachten Sie ...

- Dieser Kunde wird seine Beschwerde mit Sicherheit äußern.
- Dieser Kunde fordert Rechte und Pflichten ein – deutlich und bestimmt.
- Erwartetet weniger Freundlichkeit sondern eher Professionalität: Vorgehen nach klaren verbindlichen Regeln, sicheres Auftreten, unmissverständliche Positionen. Überzeugt ihn mehr als die tatsächliche Lösung.
- Nett sein bringt hier wenig. Selbstbewusstes und korrektes Auftreten oder die sofortige Weiterleitung an den Vorgesetzten sind empfehlenswert.
- Tun Sie, was Sie in der Sache tun können, kommen Sie zu Punkt und Ende. Lassen Sie sich auf keine Diskussionen ein.
- Gehen Sie respektvoll mit dieser Person um. Dieser Typ straft Respektlosigkeit mit ernst zu nehmenden Drohungen.
- Diese Beschwerdeführer sagen Ihnen, dass sie nicht wiederkommen werden.

12. Engagement/Hilfsbereitschaft

Das Gegenteil von Engagement und Hilfsbereitschaft ist es, sich für die Bearbeitung von Beschwerden nicht zuständig zu fühlen, den Kunden etwas tun zu lassen, statt selbst zu tun – was den Ärger des Beschwerdeführers verstärkt. Engagement und Hilfsbereitschaft bedeutet sich zu kümmern, selbst aktiv zu werden im Sinne dessen, was schon beim Thema Initiative erwähnt wurde: zum Problemlöser zu werden. Während Punkt 5: „Initiative" den Aspekt des Zuvorkommens betont, ist hier das „sich kümmern" gemeint: Den Kunden nicht einfach zum Kollegen drei Regale weiter zu schicken, sondern ihn begleiten, Adressen oder Telefonnummern herauszusuchen und aufzuschreiben, nach Alternativen zu suchen, wenn eine Lösung im Sinne des Kunden nicht möglich ist und Ähnliches.

6.6 Die EVA3-Methode – Beschwerden erfolgreich bearbeiten

Nachdem nun Details besprochen wurden, die im Sinne der Serviceuhr bei der Bearbeitung von Beschwerden berücksichtigt werden können, stellt sich die Frage, ob und wie man die Bearbeitung von Beschwerden systematisieren kann. Ich denke, dass das möglich ist. Die EVA3-Methode (ausführlich in Haeske 2001) kann als Leitfaden für die Gestaltung von Reklamations- und Beschwerdegesprächen und zum Verfassen der Beschwerdekorrespondenz (siehe Abschnitt 6.7) dienen. In der Praxis hat sich die Arbeit mit diesem Modell bewährt. Das strukturierte Vorgehen hilft einerseits, Misserfolge in der Beschwerdebearbeitung zu vermeiden, die durch unsystematisches oder intuitives Vorgehen nach Tagesform entstehen. Andererseits bietet das Modell Hilfe, wenn es darum geht, die exakte Schwachstelle beim eigenen Vorgehen zu entdecken, durch die man im Beschwerdegespräch Lösungen vereitelt.
In der Praxis muss man Formulierungen finden, die zum eigenen Charakter passen. Was ein Kollege sagt, ist nicht unbedingt das, was man selber in der gleichen Situation sagen kann,

weil es aus dem eigenen Mund anders klingt und eine andere Wirkung hat. Deshalb ist es bei den Formulierungen sehr wichtig herauszufinden, was für einen selber passt. Das ist in Seminaren durch persönliches Feed-back vermittelbar, in Büchern nur ansatzweise. Das Vorgehen hingegen ist etwas Übergreifendes, das gewissermaßen unabhängig von der Person wirkt.

Probieren Sie die EVA3-Methode aus und lassen Sie sich vom Erfolg überzeugen.

EVA3 ist das Merkwort, mit dem man sich die Schritte des Vorgehens merken kann, die bei der Bearbeitung von Beschwerden und Reklamationen durchlaufen werden.

- E: **E**ntschuldigung
- V: **V**erständnis zeigen
- A3: A: **A**nalyse der Beschwerde
  A: **A**uflösung der Beschwerde
  A: **A**bschluss

Die ersten beiden Punkte beim Vorgehen nach EVA3 dienen dazu, den Kontakt zum Beschwerdeführer herzustellen und die Beziehungsebene zum Gesprächspartner aufzubauen. In den anschließenden drei Phasen geht es auf der inhaltlichen Ebene um die einvernehmliche Lösung der Beschwerde.

Schritt 1: Entschuldigung

Wie beim Verkaufsgespräch ist der Kontakt zum Gesprächspartner die Voraussetzung, Einfluss nehmen zu dürfen. Einen Beschwerdeführer zu beruhigen und mit ihm eine Lösung zu finden, ist ohne Kontakt nicht möglich.
Die Entschuldigung für das, was der Beschwerdeführer kritisch anmerkt, ist in diesem Sinne kontaktherstellend, weil es keinen Widerstand sondern ein Annehmen der Beschwerde bedeutet. Bedenken Sie, dass es hier um ein professionell eingesetztes Verhalten geht, dass ein eindeutiges Ziel hat: Kontakt herstellen, Offenheit und Lösungsbereitschaft zeigen und Deeskalation der Situation bewirken.

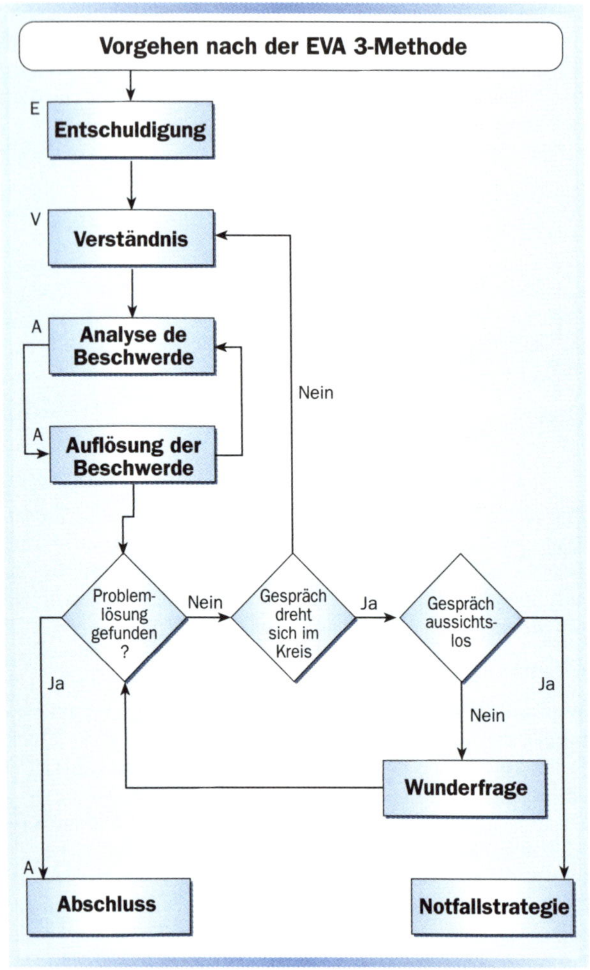

Beschwerde-Bearbeitung mit der EVA3-Methode

- Lassen Sie den Kunden ausreden und das Anliegen vollständig vortragen
- Sagen Sie „Entschuldigung“
- Versuchen Sie den Kundentyp zu identifizieren
- Passen Sie Ihr Auftreten und Ihre Reaktion dem Kundentyp an

Schritt 2: Verständnis zeigen

Die Entschuldigung werden Sie bei dem Beziehungstyp oder dem Unterhalter wahrscheinlich wiederholen, wenn Sie merken, dass es der Lösung dient. Jetzt geht es aber darum, auch Verständnis für die Beschwerde zu signalisieren. Ziel ist es, Vertrauen aufzubauen, um die Lösungssuche in den kommenden Schritten vorzubereiten.

- Lassen Sie den Beschwerdeführer ausreden, auch wenn er Sie unterbricht
- Zeigen Sie durch „mmh“, „ja“ und Kopfnicken, dass Sie zuhören
- Greifen Sie Formulierungen des Kunden auf
- Sagen Sie, dass Sie verstehen, dass der Kunde sich xyz fühlt, wobei xyz für das Gefühl steht, dass Sie bei ihm beobachten
- Fühlen Sie sich von Ärger und Vorwürfen nicht angegriffen!

Schritt 3: Analyse der Beschwerdeursache

Nachdem Sie den Kontakt zum Gesprächspartner aufgebaut haben, müssen Sie nun versuchen herauszufinden, worin genau der Beschwerdeanlass liegt, was genau die Erwartungen sind. Da Kunden ihre Beschwerden in der ersten Erregung oft unklar oder missverständlich formulieren, sollten Sie sicherheitshalber nachfragen, um später genau eingehen zu können

- Nutzen Sie Fragetechniken und aktives Zuhören, um der Beschwerde auf den Grund zu gehen.
- Wenn Sie die Beschwerdeursache kennen, dann gehen Sie zum nächsten Schritt über.

- Seien sie nicht standardmäßig, sondern nur aus begründeter Erfahrung misstrauisch.
- Sagen Sie gegebenenfalls, dass Ihre Fragen der Lösungsfindung dienen.

Schritt 4: A wie Auflösung der Beschwerde

Erst jetzt ist der Zeitpunkt, eine Lösung zu finden. Vielleicht haben Sie die passende Lösung gleich zur Hand, vielleicht müssen Sie aber auch erst eine Lösung finden, weil es keine Standardsituation ist. Berücksichtigen Sie die Vorschläge des Kunden und begreifen Sie diese Phase als gemeinsamen Suchprozess, bei dem der Kunde einbezogen wird und immer wieder darauf hingewiesen werden muss, dass es um Lösungen (nicht Probleme) geht. Mitunter müssen Sie klar sagen, wo die Trennung zwischen realistisch und wünschenswert ist.

- Denken Sie in Lösungen, nicht in Problemen.
- Vermeiden Sie Vorwürfe und Drohungen.
- Überhören Sie Angriffe.
- Arbeiten Sie mit Pausen, um die Wirkung Ihrer Vorschläge zu prüfen.
- Binden Sie den Beschwerdeführer mit Fragen ein.
- Legen Sie sich nicht zu früh auf eine Lösung fest.
- Verweisen Sie bei überzogenen Forderungen auf die negativen Konsequenzen, die Sie tragen müssen.

Schritt 5: Abschluss

Ein guter Abschluss hält das gemeinsame Ergebnis, das was erarbeitet wurde noch einmal fest. Dadurch vermeidet man, dass das Ergebnis für beliebig, selbstverständlich oder bloße Routine gehalten wird.

In diesem Sinne sollte man auch mit Kompromissen und kleinen Annäherungen zufrieden sein können.

- Sagen Sie, wenn Ihnen die Hände gebunden sind.
- Sagen Sie, dass Sie alles tun, was in Ihrer Macht steht.
- Sagen Sie, wenn Sie an Vorgaben gebunden sind, die eine großzügigere Lösung verhindern.

- Sagen Sie, dass Sie in solchen Fällen allen Kunden gleich weit entgegenkommen.
- Sagen Sie, dass Sie sich freuen, dass Sie weiterhelfen konnten.

Was, wenn es kompliziert wird?

Im Idealfall wird es Ihnen gelingen, im einmaligen Durchlauf zum erfolgreichen Ende zu kommen. Der Realfall kann etwas komplizierter sein. Das mag etwas mehr Zeit erfordern, aber grundsätzlich können Sie sich an dem Schema orientieren, genau darin liegt sein Wert.
Wenn Sie merken, dass Sie an einer Stelle nicht weiterkommen, dann kehren Sie auf die vorangegangene Stufe zurück. Wenn Sie zum Beispiel beim Abschluss in Schritt 5 feststellen, dass das Ergebnis noch nicht zufrieden stellend ist, dann steigen Sie erneut in die Lösungsschleife ein.

Die Wunderfrage

Eine schwierige Situation tritt auf, wenn sich das Gespräch im Kreis dreht. Bemerken Sie das, dann sollten Sie aufhören, inhaltlich weiter zu diskutieren, da Sie unnötig Zeit verschwenden. Sie müssen den Verlauf des Gesprächs ändern.
Schildern Sie zunächst, was Sie bisher Positives getan haben. Sagen Sie, dass Sie sich bemüht haben zuzuhören, dass Sie Lösungsvorschläge gemacht haben. Jetzt wird es höchste Zeit, den Kunden aktiv einzubinden.
Dazu stellen Sie ihm die Wunderfrage:

„Was schlagen Sie vor, wie wir eine Lösung finden?"

Hören Sie genau auf die Antwort und wiederholen Sie diese Frage gegebenenfalls freundlich, wenn das keine neuen Bedingungen schafft. Entweder Sie kommen jetzt inhaltlich weiter oder Sie müssen erkennen, dass das Gespräch aussichtslos ist. In diesem Fall gehen Sie zur Notfallstrategie über.

Die Notfallstrategie

Die Notfallstrategie ist für den Moment gedacht, in dem Sie keinen Sinn mehr sehen, weiter miteinander zu sprechen.

Zu diesem Zeitpunkt spüren Sie Folgendes: Sie sind ratlos, weil alle bisherigen Lösungsversuche vergeblich waren. Gleichzeitig spüren Sie einen gewissen Druck, dass Sie noch weitere Lösungsvorschläge machen müssen, obwohl der Gesprächspartner gar nicht an einer Lösung interessiert scheint.

Tun Sie Folgendes:

- Sagen Sie: „Ich bin jetzt … "
  (Gefühl benennen)
- „Ich habe Ihnen vorgeschlagen…"
  (aufzählen, was Sie bisher getan haben)
- „Ich habe mich bemüht…"
  (sagen, worum Sie sich bemüht haben)
- „Ich werde das Gespräch jetzt beenden, weil ich keine Möglichkeiten mehr erkenne."

Beenden Sie das Gespräch.

6.7 Beschwerde-Korrespondenz

Einen Beschwerdebrief zu formulieren, bedeutet für den Kunden einen noch größeren Aufwand, als sich persönlich oder telefonisch zu äußern. Schon aus diesem Grund sollte man sich die Bedeutung einer kompetenten Reaktion bewusst machen. Beachten Sie auch im Zusammenhang mit der Beschwerdekorrespondenz noch einmal die einzelnen Punkte, die in der Serviceuhr beschreiben wurden.
Bei der Formulierung Ihrer Beschwerde-Korrespondenz können Sie sich an einem Aufbau orientieren, dem die Phasen der EVA3-Methode zugrunde liegen.

Antwort-Bausteine

1. Entschuldigung und
2. Verständnis zeigen

Bedauern ausdrücken.
Zeigen, dass Sie die Lage des Kunden verstehen können.
Nicht das Verständnis des Kunden fordern, sondern selber Verständnis zeigen!

3. Analyse und Argumentation

Aufgreifen der Schilderung des Kunden.
Sachliche, nachvollziehbare Argumentation, was, wie, warum passiert ist.
Konkret machen, welche Konsequenzen man gezogen hat.

4. Auflösung – Angebot zur Lösung des Problems

Darstellung der gewählten Lösung, die sich aus der Sachargumentation ergibt.
Sehr deutlich machen, wie die Lösung dem Kunden dient.

5. Abschluss

Aufgreifen positiver Erfahrungen des Kunden aus der Vergangenheit.
Wunsch nach Zufriedenheit und langfristige Bindung des Kunden ansprechen.
Gegebenenfalls Dank äußern, dass der Kunde so offen war.

Erforderliche Daten

Folgende Daten, die zur Bearbeitung und Zuordnung der Beschwerde erforderlich sind, sollten immer aufgenommen sein:

Stammdaten oder Bewegungsdaten,
Kundennummer,
Aktenzeichen,
Rechnungsnummer,
Datum.

Halten Sie die Reihenfolgen der Bausteine ein. Das gewährleistet, dass Ihr Schreiben in sich geschlossen erscheint und einen logischen Aufbau hat.

Auf den folgenden Seiten stelle ich einige konkrete Formulierungsvorschläge und Anregungen für Ihre Beschwerde-Korrespondenz vor.
Falls die schriftliche Bearbeitung mehrere Tage erfordert, sollten Sie Zwischenbescheide versenden, die den Eingang des Beschwerdeschreibens mitteilen. Geschieht diese Reaktion sofort, dann kann man bereits einen Pluspunkt für die unmittelbare Reaktion verbuchen.
Da solche Schreiben oder Faxe relativ kurz gehalten werden können, bieten sie sich als Standardschreiben an, die man am Tag des Beschwerdeeingangs versendet.

Hier einige Beispielformulierungen

- Wir bestätigen den Eingang Ihres Schreibens vom xxx.
- Über den geschilderten Sachverhalt werden wir uns sofort informieren.
- Der geschilderte Sachverhalt wird derzeit geprüft.
- Wir sind dabei, die von Ihnen geschilderte Situation zu klären.
- Unsere zuständigen Mitarbeiter aus dem Kundenservice/ Produktion,....sind dabei, Ihren Sachverhalt zu bearbeiten.
- Bitte gedulden Sie sich ein wenig.
- Wir bitten Sie, sich noch einige Tage/bis zum xxx zu gedulden.
- Wir bitten Sie um etwas Geduld. Unser zuständiger Mitarbeiter/Abteilung wird sich spätestens bis xxx mit Ihnen in Verbindung setzen.

Konkrete Text- Vorschläge für Ihre Korrespondenz

Die folgenden Textvorschläge sind Anregungen, die Sie in Ihre schriftlichen Reaktionen einbauen können. Wie bei mündlichen Formulierungen müssen Sie eine Sprache finden, die zu Ihnen passt. Aus vielfältigen Erfahrungen weiß ich, dass das, was dem einen noch freundlich erscheint, dem anderen bereits zu unterwürfig ist. Perfekte Lösungen oder Patentrezepte gibt es also nicht. Dennoch einige allgemeine Vorschläge:

- Haben Sie Mut, etwas freundlicher zu sein, als Sie es vielleicht intuitiv wären.
- Legen Sie sich Textbausteine an, damit Sie Briefe schneller schreiben können.
- Seien Sie vorsichtig mit Standardschreiben (außer bei der Erstreaktion) – sie wirken unpersönlich.
- Peppen Sie die Korrespondenz durch Zitate des Beschwerdebriefes auf.

Anregungen

Bei diesen Anregungen sind Textvorschläge für berechtigte Reklamationen, Kulanzregelungen und unberechtigte Beschwerden aufgenommen. Wählen Sie aus, was Sie benötigen.

Entschuldigung und Verständnis zeigen

- Ich bin Ihnen dankbar, dass Sie uns über diesen Vorfall informieren.
- Wir verstehen Ihren Ärger und bedauern außerordentlich, dass die angesprochenen Mängel aufgetreten sind.
- Wir bedauern , dass diese Schwierigkeiten entstanden sind.
- Es tut mir sehr Leid, dass Sie mit den ausgeführten Arbeiten nicht zufrieden sind.
- Es tut uns sehr Leid, dass wir einen Fehler gemacht haben. Wir verstehen, dass Sie sehr wütend sind.
- Es ist ein Problem entstanden. Das tut uns Leid und wir verstehen, dass Sie sehr wütend sind.
- Es tut mir Leid, dass das entstandene Arbeitsergebnis Grund zur Unzufriedenheit liefert.

Argumentation

- Sie schreiben zu Recht, dass „[hier Zitat]“, wo sich sagen lässt, dass…
- Ich habe persönlich geprüft, wie „[hier Zitat]“ geschehen konnte, und habe festgestellt, dass….
- Nachdem ich Ihren Brief gelesen hatte, habe ich mich sofort mit xyz in Verbindung gesetzt, und ….
- Selbstverständlich liefern wir Ihnen sofort Ersatz. Bedauerlicherweise ist der Fehler nicht von unserem Qualitätsbeauftragten bemerkt worden.
- Das von Ihnen beanstandete Verhalten war alles andere als korrekt. Wir entschuldigen uns dafür. Intern wurden bereits Konsequenzen gezogen, die ein wiederholtes Auftreten des Problems vermeiden sollen.
- Natürlich ersetzen wir Ihnen den entstandenen Schaden in voller Höhe. Wir hatten an jenem Tag außerordentlich viele Auftragseingänge und einen personellen Engpass. Der Fehler kann nur durch diesen Ausnahmezustand erklärt werden.
- Wir setzen alles daran Termine verbindlich einzuhalten. Der Termin vom XXX ist nie verbindlich festgelegt worden. Da wir auf Ihre Rückbestätigung gewartet haben und keine Antwort erhielten, ist ……. Damit erklärt sich, dass die Terminüberschreitung andere als die beschriebenen Ursachen hat.
- Aus dem Schreiben vom XXX geht eindeutig hervor, dass …. Ihrem Wunsch entsprechend ….. gemacht wurde. Aus diesem Grund bedauere ich, dass das Missverständnis entstand.
- In der Gebrauchsanweisung weisen wir unsere Kunden unmissverständlich darauf hin, dass bei Behandlung des ….. durch/mit …. vergleichbare Schäden auftreten.
- Das Produkt hat unser Haus nach einer genauen Prüfung (durch Herrn X) verlassen. Laut Händlergarantie können wir keinen Umtausch vornehmen.
- Wir haben bereits am xxx die angesprochenen Mängel beseitigt. Herr X hat daraufhin mit Ihrem Herrn Y im Gespräch deutlich darauf hingewiesen, dass die Ursache des Mangels darin liegt, dass …

Lösung des Problems

- Wir haben dazugelernt und bedanken uns für Ihren entscheidenden Hinweis. Um Sie für Ihre Mühe ein wenig zu entschädigen, haben wir für Sie eine kleine Wiedergutmachung beigefügt.
- Die Schulung unserer Mitarbeiter im Umgang mit dem Kunden ist seit langer Zeit fester Bestandteil der Unternehmenspolitik. Das von Ihnen beschriebene Verhalten ist unerklärlich. Damit dieser Vorfall ein Einzelfall bleibt, haben wir eine gezielte Wiederaufnahme des Themas mit höchster Priorität versehen.
- Selbstverständlich übernehmen wir die entstandenen Kosten. Als kleine Wiedergutmachung haben wir Ihnen ein Buch beigelegt.
- Eine Nachbesserung ist in diesem Fall nicht möglich. Wir schlagen Ihnen deshalb eine Minderung von XXX Euro vor.
- Um Sie für den entstandenen Aufwand ein wenig zu entschädigen, haben wir für Sie eine kleine Wiedergutmachung beigefügt.
- Die professionelle Betreuung unserer Kunden steht immer im Zentrum unserer Unternehmenspolitik. Die von Ihnen beschriebene Situation ist für uns unerklärlich. Wir wollen, dass dies ein Einzelfall bleibt und haben bereits intern in unserem Unternehmen mit entsprechenden Maßnahmen darauf reagiert.
- Selbstverständlich übernehmen wir dennoch die entstandenen Kosten. Als kleine Wiedergutmachung haben wir Ihnen ein … beigelegt.
- Nach eingehender Prüfung durch …. haben wir nun die Entscheidung getroffen….
- Unserem Grundsatz alle Kunden gleichermaßen gerecht zu behandeln, werden wir in der vorliegenden Situation am besten gerecht durch…
- Unter den gegebenen Umständen kann eine Lösung durch eine Beteiligung an den entstehenden Kosten gefunden werden. Wir bieten Ihnen an ,….
- Manche Situationen sind verfahren. So scheint es im vorliegenden Fall. Die einzige uns möglich erscheinende Lösung ist …

Abschluss

- Ich würde mich freuen, wenn Sie uns mit Blick auf die langjährige Zufriedenheit / langjährige gute Zusammenarbeit die Chance geben…
- Sobald die Nachlieferung bei uns eingetroffen ist, werden wir Sie unmittelbar informieren.
- Unser Servicemitarbeiter wird sich noch in dieser Woche mit Ihnen in Verbindung setzen, um einen passenden Termin zu finden. Wir werden den Fehler so rasch wie möglich beheben.
- Wir hoffen, dass Sie trotz des bedauerlichen Falles mit unseren Produkten grundsätzlich zufrieden bleiben und wir Sie auch weiterhin als Kunden begrüßen dürfen.
- Wir schätzen Sie als langjährigen Kunden und hoffen, dass Sie uns den entstandenen Ärger als einmaligen Fehler nachsehen.
- Wir hoffen, dass Sie die vorgeschlagene Lösung zufrieden stellt.
- Unser Servicemitarbeiter wird sich gerne mit Ihnen in Verbindung setzen, um Ihnen konkrete Tipps zu geben, die ein Wiederauftreten des Problems verhindern.
- Fehler können entstehen – trotz aller Bemühungen. Wir hoffen, dass es uns auf diese Weise dennoch gelingt, Ihr Vertrauen zurückzugewinnen.
- Wir erwarten nicht, dass Sie die vorgeschlagene Lösung zufrieden stellt, bitten Sie jedoch aus den genannten Gründen um Verständnis.
- Wir schätzen Sie als langjährigen Kunden und hoffen, dass Sie unsere Handlungszwänge verstehen.

Auf den Punkt gebracht

- Einzellösungen und bloße Mitarbeiterschulungen hinsichtlich Beschwerde und Reklamation führen nicht weit. Nachhaltiger Erfolg durch zufriedenene Kunden lässt sich nur erreichen, wenn das gesamte Umfeld im Unternehmen stimmt. Das bedeutet, dass ein Beschwerdemanagement notwendig ist.
- Dafür gibt es klare Kriterien, u.a. gehören dazu: eindeutig festgelegte Regeln, Ehrlichkeit, echtes Interesse an Lösungen, Vollmachten für die Mitarbeiter – weitere Kriterien stehen auf den Seiten 101 bis 104.
- Am Anfang und dann in geeigneten Abständen ist eine Bestandaufnahme der „Beschwerdekultur" der Ausgangspunkt für die Etabliertung oder Verbesserung der Maßnahmen im Unternehmen.
- Das anschließende Vorgehen ist analog zum Service zu sehen und kann sich deshalb an der Serviceuhr ausrichten. S. 111 zeigt konkret, wie sich die Aspekte übertragen lassen.
- Im konkreten Umgang mit sich beschwerenden Kunden hilft es, sich an den Kundentypen zu orientieren und die Kommunikation danach zu differenzieren.
- Für den Ablauf einer Beschwerbebearbeitung hat sich die EVA3-Methode bestens bewährt: sich entschuldigen, Verständnis zeigen, dann aber analysieren, auflösen und abschließen.
- Dieser Ablauf lässt sich auch unmittelbar nutzen, um Briefe bei der Beschwerdekorrespondenz danach aufzubauen. Die Differenzierung nach berechtigen Reklamationen, Kulanzregelungen und unberechtigten Beschwerden erfolgt durch entsprechende Detailformulierungen (Muster stehen auf den Seiten 129 bis 132).

Literaturverzeichnis

Brandt / Schneider: Handbuch Kundenbindung. Berlin, 2001

Bruhn, M.: Kundenorientierung. München, 1999

Haeske, U: Erfolgreich telefonieren im Beruf. Weinheim, 1999

Haeske, U.: Beschwerden und Reklamationen managen. Weinheim, 2001

Häusel, H.-G.: Think Limbic. Freiburg, 2000

Häusel, H.-G.: Limbic Success. Freiburg, 2002

Hentschel, B.: Multiattribuive Messung von Dienstleistungsqualität. In Bruhn, M./Stauss, Dienstleistungsqualität. Wiesbaden, 1991

Hermann, A./ Seilheimer, C.: Erklärungsansätze zur Dynamik des Vergleichsmaßstabs im Rahmen des Lücken-Modells der Kundenzufriendenheit. Wirtschaftswissenschaftliches Studium, 29 (1), München, 2000

Kenzelmann, P.: Kundenbindung. Berlin, 2003

O´Connor, A.: Die Platin-Regel. Frankfurt a.M., 1997

Reichheld, F. F. : „Lernen Sie von abtrünnigen Kunden, was Sie falsch machen." In: Harvard Business Manager, Nr. 2, Hamburg, 1997

Satir, V. : Selbstwert und Kommunikation. Stuttgart, 2002

Schneider, W.: Kundenzufriedenheit. München, 2000

Schulz v. Thun, F. : Miteinander reden. Reinbek, 2001

Stauss, B./Neuhaus: Das Unzufriedenheitspotenzial unzufriedener Kunden. Marktforschung & Management, 40. Jg. Nr. 4, Stuttgart, 1996

Stauss, B./Seidel, W.: Beschwerdemanagement. München, 1998

Stauss: Kundenbindung durch Beschwerdemanagement. In Bruhn, M. & Homburg, Ch., Handbuch Kundenbindungsmanagement. Wiesbaden, 2002

Treacy / Wiersema: Drei Wege zur Marktführerschaft. Harvard Business Manager 03. Hamburg, 1993

Zeithaml, V. A./ Prasuraman, A./ Berry, L.L.: Qualitätsservice. Frankfurt a.M., 1992

Stichwortverzeichnis